国家自然科学基金重点项目(51934004)资助
国家自然科学基金面上项目(52174194)资助
国家自然科学基金青年科学基金项目(52104207)资助
山东省自然科学基金青年基金项目(ZR2019QEE029)资助
山东省高等学校青创科技支持计划项目(2019KJH006)资助

流固耦合作用下煤岩力学特性及渗透性演化规律试验研究

刘义鑫　王　刚　许　江　岳雨晴　刘　超　著

U0337567

中国矿业大学出版社

·徐州·

内 容 提 要

煤岩作为一种天然的非均质材料,内部包含大量的缺陷,包括裂隙、孔隙和节理裂缝等。随着煤矿开采深度的增加,煤岩体应力环境更为复杂,煤岩体中水-气运移与应力共同作用下的流固耦合损伤破坏特性日益受到关注。开展流固耦合条件下煤岩体中裂隙扩展损伤演化过程及煤岩体渗透性演化规律的基础研究,对实现煤矿安全高效开采具有十分重要的理论研究价值和工程指导意义。本书基于 CT 等先进测试技术与多物理场耦合试验平台,开展微细观煤岩水力侵入致其结构劣化、宏观煤岩水力劣化损伤及渗透性演化规律、真三轴应力下煤岩损伤及瓦斯渗透性演化等试验研究,结合损伤力学、岩石力学以及断裂力学,探讨了流固耦合作用下煤岩破坏失稳机理。

本书可供从事煤岩水力防灾以及煤岩增透促进瓦斯抽采工作及研究的领导者、决策者、科研人员、工程技术人员以及高校师生参考。

图书在版编目(C I P)数据

流固耦合作用下煤岩力学特性及渗透性演化规律试验研究 / 刘义鑫等著. —徐州:中国矿业大学出版社, 2022.10

ISBN 978 - 7 - 5646 - 5463 - 4

Ⅰ. ①流… Ⅱ. ①刘… Ⅲ. ①煤岩—力学性质—研究 ②煤岩—渗透性—研究 Ⅳ. ①TD326②P618.11

中国版本图书馆 CIP 数据核字(2022)第 117434 号

书　　名	流固耦合作用下煤岩力学特性及渗透性演化规律试验研究	
著　　者	刘义鑫　王　刚　许　江　岳雨晴　刘　超	
责任编辑	李　敬	
出版发行	中国矿业大学出版社有限责任公司	
	(江苏省徐州市解放南路　邮编221008)	
营销热线	(0516)83885105　83884103	
出版服务	(0516)83883937　83884920	
网　　址	http://www.cumtp.com　E-mail:cumtpvip@cumtp.com	
印　　刷	江苏淮阴新华印务有限公司	
开　　本	787 mm×1092 mm　1/16　**印张** 10.25　**字数** 201 千字	
版次印次	2022 年 10 月第 1 版　2022 年 10 月第 1 次印刷	
定　　价	45.00 元	

(图书出现印装质量问题,本社负责调换)

前　言

　　我国能源资源结构呈现显著的"富煤、贫油、少气"的特点,尽管近年来随着太阳能、风能等相对绿色清洁能源的使用日趋广泛,煤炭生产和消费所占比重有所下降,但 2021 年,我国火力发电量高达 57 702.7 亿 kW·h,约为全社会发电量的 71.13%,其中燃煤占比仍超过 80%,可见在未来很长的一段时间内,煤炭资源仍将作为我国的主体资源,在经济和社会发展中起到其他资源无法替代的作用。

　　我国煤炭开采过程中伴随冲击地压、瓦斯粉尘爆炸、自燃等多种灾害发生,随着开采深度及强度增加,各类灾害发生机理愈发复杂,防治难度显著增大;与此同时,深部开采过程中产生的矿井热害、粉尘污染会缩短仪器设备的使用寿命、降低生产现场能见度、严重影响从业人员身心健康。多年来,围绕各类灾害,国内外工程技术人员发展了多种防治技术,取得了良好的防治效果。其中,以煤层注水为代表的水力化防灾技术,包括水力压裂、水力割缝增透抽采瓦斯技术,煤层注水卸压防冲/防突技术,煤层注水润湿减尘技术等,因介质取材方便、井下工艺简便而被广泛应用,已成为煤矿灾害防治的前沿综合技术手段。

　　因此,本书以煤岩体中的水-气运移与应力环境耦合作用机理为主线,进行流固耦合作用下煤岩裂隙扩展及渗透性演化规律试验研究,从微细观角度揭示水力侵入对煤岩体结构的影响机理,分析压剪应力与真三轴应力等多应力场下煤岩体宏观水力耦合劣化规律,明确水力作用下煤岩体裂隙扩展机制,开展煤层瓦斯吸附与外部荷载耦合作用下煤岩气-固耦合损伤及渗透性演化试验研究,进一步提出真三轴应力下煤岩损伤变形与渗流演化数值模拟方法,为研究多尺度多场耦合作用下煤岩灾变失稳奠定理论基础。

本书共分 7 章：第 1 章绪论，由刘义鑫、王刚撰写；第 2 章水力侵入对煤体结构影响规律研究，由王刚、刘义鑫撰写；第 3 章压剪应力下煤岩水力耦合力学特性及渗透性演化规律，由刘义鑫、许江撰写；第 4 章真三轴应力下煤岩水压致裂裂隙扩展演化规律，由刘义鑫、岳雨晴、刘超撰写；第 5 章瓦斯吸附对煤岩力学性质和渗流影响规律研究，由刘义鑫、王刚撰写；第 6 章真三轴应力下煤岩气-固耦合损伤及渗透性演化规律，由王刚、刘义鑫撰写；第 7 章真三轴应力下煤岩损伤变形及渗流数值模拟，由刘义鑫、王刚撰写。全书由刘义鑫和王刚统一审核、定稿。

在本书出版过程中，国家自然科学基金重点项目（51934004）、国家自然科学基金面上项目（52174194）、国家自然科学基金青年科学基金项目（52104207）以及山东省自然科学基金青年基金项目（ZR2019QEE029）、山东省高等学校青创科技支持计划项目（2019KJH006）均给予了资助，重庆大学煤矿灾害动力学与控制国家重点实验室及复杂煤气层瓦斯抽采技术国家地方联合工程实验室提供了大力支持和帮助！同时，本书在撰写过程中查阅了大量文献，在出版过程中得到了中国矿业大学出版社的热情帮助和支持。借本书出版之际，作者谨向给予本书出版支持和帮助的各位专家、同事和参考文献作者表示最衷心的感谢。

由于作者水平有限，书中难免存在不足之处，敬请读者朋友们不吝指正。

作 者

2022 年 3 月

目 录

1 绪   论

1.1 引言

煤炭工业在我国国民经济中具有重要战略地位,煤电仍然是当前我国电力供应的主要电源,占总发电量的 60% 左右,根据相关预测,今后较长时期内,煤炭在我国能源体系中的主体地位和压舱石作用不会改变。

煤炭开采过程中伴随冲击地压、瓦斯粉尘爆炸、自燃等多种灾害发生,随着开采深度及强度增加,各类灾害发生机理愈发复杂,防治难度显著增大;与此同时,深部开采过程中产生的矿井热害、粉尘污染会缩短仪器设备的使用寿命、降低生产现场能见度、严重影响从业人员身心健康。多年来,围绕各类灾害,国内外工程技术人员发展了多种防治技术,取得了良好的防治效果。其中,以煤层注水为代表的水力化防灾技术,包括水力压裂、水力割缝增透抽采瓦斯技术,煤层注水卸压防冲/防突技术,煤层注水润湿减尘技术等,因介质取材方便、井下工艺简便而被广泛应用,已成为粉尘源头治理、煤与瓦斯突出和冲击地压灾害防治的前沿技术手段[1-4]。

不同的灾害特点,防灾机制不同,所采取的水力化技术工艺亦不相同。煤层注水润湿减尘技术原理,与水力压裂为代表的卸压、增透抽采技术存在本质上的区别[5-7]。煤层注水润湿技术以提高煤体孔裂隙内含水率为目标,包括渗流、润湿两个动力过程,重点是通过煤体裂隙扩展提高渗透率的同时,增加裂缝内水向煤基质孔隙结构中的渗吸量;煤层气开采及井下瓦斯防治领域所采用的水力压裂增透技术通过高压水致裂煤体,打开渗流通道,重点研究增透机制,不注重孔隙结构内的润湿过程;油藏储运及开采领域所采用的注水驱油技术,多研究油储层(多为岩石)中油水两相驱替过程,与含瓦斯煤体注水过程中的气-液润湿煤体完全不同,如图 1-1 所示[8-10]。目前,基于煤层注水技术改善煤体应力分布、提高煤体渗透性与含水率,已成为煤炭高强度开采亟待解决的前沿技术和难题。

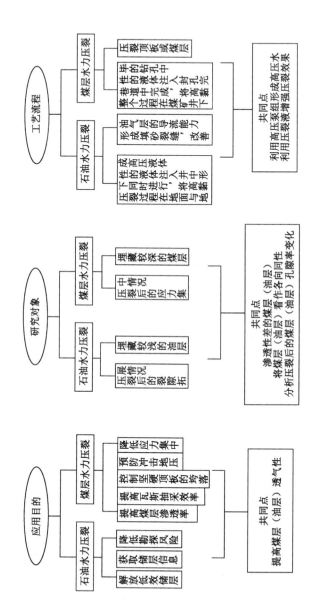

图 1-1　煤层水力压裂与石油领域水力压裂对比

煤岩作为一种天然的非均质材料,内部包含大量的缺陷,包括裂隙、孔隙和节理裂缝等。随着煤矿开采深度的增加,煤岩体应力环境更为复杂,煤岩体中水-气运移与应力共同作用下的流固耦合损伤破坏特性则是当下的研究重点。因此,开展流固耦合条件下煤岩体中裂隙扩展损伤演化过程及煤岩体渗透性演化规律的基础研究,对实现煤矿安全高效开采具有十分重要的理论研究价值和工程指导意义。

1.2 国内外研究现状

1.2.1 完整岩石断裂力学研究进展

欧文于 1957 年将简单裂纹分为 3 种类型(图 1-2)。Ⅰ型裂纹代表在垂直于裂纹面的拉应力作用下,裂纹表面位移垂直于裂纹面的情况,所以又称之为张开型,其受力情况如图 1-3(a)所示,一无限大平板,板内有一长为 $2a$ 的穿透裂纹,边缘受到分布力 $\sigma_{xx}=0$,$\sigma_{yy}=\sigma_y^\infty$,$\tau_{xy}=0$。Ⅱ型及Ⅲ型裂纹代表在剪应力作用下,裂纹表面相互滑移的情形,称之为剪切型裂纹。其中Ⅱ型裂纹又称为面内剪切型裂纹,其受力情况如图 1-3(b)所示,无穷大板中有一长为 $2a$ 的穿透裂纹,板边作用着均匀的剪应力 $\tau_{xy}=\tau^\infty$;Ⅲ型裂纹又称为面外剪切型或反平面裂纹,其受力情况如图 1-3(c)所示,在一无穷大板中央有一长为 $2a$ 的穿透裂纹,在板的两端作用以均匀剪应力 $\tau_{yz}=\tau^{\infty[11]}$。

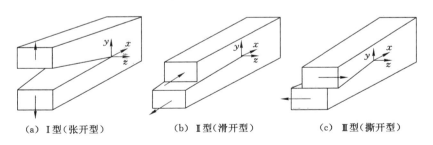

（a）Ⅰ型（张开型） （b）Ⅱ型（滑开型） （c）Ⅲ型（撕开型）

图 1-2 裂纹的 3 种基本类型

裂纹(非经典意义上的裂纹)能在非线弹性断裂力学条件下萌生与扩展。一条这样的裂纹可能完全由发展中的过程区所组成,也可能部分是真正的裂纹,部分是过程区,预测这种裂纹的扩展需要材料非线性分析的能力。

关于过程区扩展的准则是用能量而不是用应力或应力强度来表达的。如果一个区域的前沿点上释放了足够的能量使之完全达到表征材料特性的δ-COD曲

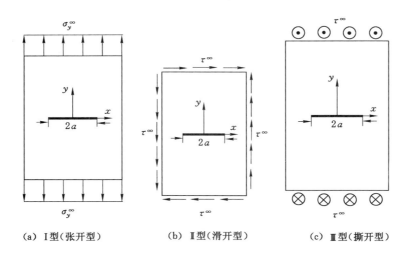

（a）Ⅰ型（张开型）　　　（b）Ⅱ型（滑开型）　　　（c）Ⅲ型（撕开型）

图 1-3　3 种基本裂纹的应力状态

线的最低点[COD 是指弹塑性体受Ⅰ型（张开型）荷载时，原始裂纹部位的张开位移为 δ]，则此区间将要扩展。这种裂纹的扩展轨迹取决于裂纹扩展过程中所通过区域的主应力场，裂纹将沿垂直于主拉应力的方向扩展。当裂纹扩展时，一般说来，它本身又能改变主应力场的大小及方向。

　　如果已经确定满足线弹性断裂力学的条件，则模拟裂纹的扩展需要两类参数：应力强度因子（可由解析方法确定，它是荷载及几何形状的函数）及适当的断裂韧度（表征材料性质的参数，由实验测定）。应力强度因子与临界应力强度因子间的关系类似于无裂纹的韧性试件中应力与其一临界应力参数（譬如屈服应力）间的关系。

　　对于纯Ⅰ型及纯Ⅱ型裂纹，只要满足以下条件，裂纹就不会扩展：

$$K_{\text{I}} < K_{\text{IC}} \tag{1-1}$$

$$K_{\text{II}} < K_{\text{IIC}} \tag{1-2}$$

式中，K_{I} 为Ⅰ型裂纹的应力强度因子；K_{II} 为Ⅱ型裂纹的应力强度因子；K_{IC} 为Ⅰ型裂纹的临界应力强度因子；K_{IIC} 为Ⅱ型裂纹的临界应力强度因子。

　　类似的，在单轴应力条件下，只要满足以下条件裂纹就不会扩展：

$$\sigma < \sigma_{\text{yld}} \tag{1-3}$$

式中，σ_{yld} 为屈服应力。

　　求应力强度因子的方法可分为计算与实验两大类。计算方法又可分为很多种方法，通过极坐标变换可得裂纹端部的应力如下：

$$\begin{cases} \sigma_{xx} = \dfrac{K_{\text{I}}}{\sqrt{2\pi r}} \cos \dfrac{\theta}{2} \left(1 - \sin \dfrac{\theta}{2} \sin \dfrac{3}{2}\theta\right) + o(r^{-1/2}) \\[2mm] \sigma_{yy} = \dfrac{K_{\text{I}}}{\sqrt{2\pi r}} \cos \dfrac{\theta}{2} \left(1 + \sin \dfrac{\theta}{2} \sin \dfrac{3}{2}\theta\right) + o(r^{-1/2}) \\[2mm] \tau_{xy} = \dfrac{K_{\text{I}}}{\sqrt{2\pi r}} \cos \dfrac{\theta}{2} \sin \dfrac{\theta}{2} \cos \dfrac{3}{2}\theta \end{cases} \tag{1-4}$$

上式称为 I 型裂纹应力的近场式,其中 I 型裂纹的应力强度因子为:

$$K_{\text{I}} = \sigma_y^{\infty} \sqrt{\pi a} \tag{1-5}$$

同理,可得 II 型裂纹的应力强度因子为:

$$K_{\text{II}} = \tau^{\infty} \sqrt{\pi a} \tag{1-6}$$

目前国内外对于岩石破裂过程的研究多集中于对 I 型、II 型裂纹的应力强度因子的组合与修正以及应用裂纹强度因子计算裂纹长度等参数。其中 Li 等[12]利用 I 型断裂韧度等参数计算裂纹扩展长度并进一步得出裂纹的侧向位移,其计算公式如下:

$$L = \frac{1}{4\pi} \left(\frac{\sqrt{K_{\text{I}c} + 4\sigma_2 F} - K_{\text{I}c}}{\sigma_2}\right)^2 \tag{1-7}$$

$$u^{\text{L}} = \frac{4}{\pi E} L^3 N^3 \left[\ln\left(\frac{L}{L_0}\right) + 1\right] F \tag{1-8}$$

式中,L 为扩展裂纹长度(预制裂纹与翼裂纹之和);$K_{\text{I}c}$ 为断裂韧性;σ_2 为中间主应力;E 为弹性模量;F 为楔形力;L_0 为 L 的初始值;N 为裂纹密度;u^{L} 为楔形力加载裂纹中间的侧向位移。

Sheity 等[13]通过对预制裂纹的巴西劈裂试验进行数值模拟,得到应力强度因子,如下所示:

$$K_{\text{I}} = \frac{p}{\sqrt{\pi R} B} \sqrt{\alpha} N_{\text{I}} \tag{1-9}$$

$$K_{\text{II}} = \frac{P}{\sqrt{\pi R} B} \sqrt{\alpha} N_{\text{II}} \tag{1-10}$$

式中,p 是正压力;R 为试件半径;B 为试件厚度;$\alpha = (a/R)$,其中 a 为预制裂纹缺口长度的 $1/2$;N_{I}、N_{II} 分别为预制裂纹缺口长度与缺口倾角的无量纲应力强度因子。

Chang 等[14]通过实验提出当无法确认 II 型裂纹断裂韧度时,可通过下式中 I 型裂纹与 II 型裂纹之间的关系获得:

$$\frac{K_{\text{I}}}{K_{\text{I}c}} + \left(\frac{K_{\text{II}}}{C K_{\text{I}c}}\right)^2 = 1 \tag{1-11}$$

式中，K_I、K_{II} 分别为 I 型裂纹与 II 型裂纹的应力强度因子；K_{IC} 为 I 型裂纹断裂韧度；$C = K_{IIC}/K_{IC}$，是经验常数。

在流体压力作用下，I 型裂纹与 II 型裂纹应力强度因子随之改变，Rahman 等[15]在流体压力作用下，结合摩尔-库仑准则，得到 I 型裂纹与 II 型裂纹的应力强度因子，具体过程如下：

$$\sigma_n = \sigma_1 \sin^2 \alpha + \sigma_3 \cos^2 \alpha \tag{1-12}$$

$$\tau = \frac{1}{2}(\sigma_1 - \sigma_3)\sin 2\alpha \tag{1-13}$$

式中，σ_1 与 σ_3 分别为最大主应力与最小主应力；σ_n 为作用于裂纹面的正应力；α 为正应力与裂纹面的夹角；τ 为裂纹面上的剪切力。将流体压力 p_f 代入式(1-12)与式(1-13)可得：

$$p_n = p_f - (\sigma_1 \sin^2 \alpha + \sigma_3 \cos^2 \alpha) \tag{1-14}$$

$$\tau_{eff} = \frac{1}{2}(\sigma_1 - \sigma_3)\sin 2\alpha \tag{1-15}$$

将以上结果结合 Rice 于 1968 年提出的应力强度因子公式可得：

$$K_I = C\sqrt{l}\left[p_f - (\sigma_1 \sin^2 \alpha + \sigma_3 \cos^2 \alpha)\right] \tag{1-16}$$

$$K_{II} = \frac{1}{2}C\sqrt{l}(\sigma_1 - \sigma_3)\sin 2\alpha \tag{1-17}$$

式中，C 为取决于裂纹的几何形状和裂纹半长度的常数；l 为裂纹的半长度。

裂隙广泛存在于岩体中并在岩体的力学性质与失稳机制中扮演重要角色。随外荷载增加，裂纹扩展并与周边裂纹连接，导致应力重分布并形成应力集中[16]。因此，研究岩体中的裂纹扩展贯通机制对岩石工程实践相当重要。

Wawersik 等[17]将脆性岩石在压缩条件下的应力-应变曲线划分为 6 段：① 微裂隙闭合与试件硬化；② 线弹性变形；③ 扩容与非线性变形；④ 硬化过程中局部变形；⑤ 峰值强度与宏观破坏；⑥ 残余阶段。Zhao 等[18]通过实验发现，岩石随围压增加，裂纹萌生与裂纹损伤应力增加，其中裂纹萌生应力相对损伤应力受围压影响更低，尤其是在低围压区域。Reches 等[19]观察到破坏失稳前的强微裂纹扩展导致由于微裂纹损伤分布的脆性岩石屈服，这是假设微裂纹相互独立，直到达到一个临界密度，然后连接贯通，提出花岗岩中断裂带的形成是由于张拉微裂纹的聚集与扩展。在初始阶段，张拉微裂纹随机产生，没有明显裂纹交错，其产生位置与最终断裂带无明显关系；随荷载增加到最终强度，少数张拉微裂纹交错且增加彼此的膨胀产生应力集中核，造成了一个密集的微裂纹区；在高荷载岩石中，应力场与微裂纹扩张促使裂纹相互作用并导致不稳定状态，然后此区域不稳定扩展到整个岩石。

从上述煤岩的动态断裂力学特征研究现状可知,针对煤岩断裂力学特征的研究受到国内外学者的广泛关注。与大多岩石不同,煤是一种多孔、多裂隙的介质,目前对煤岩的研究仍有需要深入思考的方向,特别是流固耦合作用对煤岩断裂损伤等方面的研究。

1.2.2　水-力耦合作用下煤岩损伤劣化机理研究进展

液体和气体的运移将引起孔隙压力变化进而影响岩石力学性质[20]。当岩石内部受到水力压力与外部受到荷载时,流体的流动将引起已有弱面的张开、闭合以及其他相互作用或压裂产生新裂隙。与此同时,孔隙压的变化将引起局部或整体的裂纹扩展行为[21]。

Wang 等[21]通过数值模拟局部注水压力条件下张拉裂纹扩展实验,发现孔隙压力大小和孔隙压力梯度对张拉断裂有重要影响。此外,岩石的非均质性、初始地应力比(K)、两个注入孔之间的距离和两个注入孔的孔隙压力的差异都对压裂裂缝的萌生和扩展起着重要的作用。Hirono 等[22]采用一种 X 射线计算机断层摄影(CT)成像方法进行实验室流体对流试验,阐释大气压条件下断层带岩石的变形机制及流体流动特性。乔伟等[23]对井下岩溶裂隙进行了单孔放水试验,发现水压与地应力随深度增加呈线性趋势,钻孔最大涌水量随深度增加而减小,裂隙的渗透系数和钻孔单位涌水量随地应力的增加都呈负指数规律减小;地应力增加导致岩溶裂隙张开度减小,渗透系数减小,层流侵蚀水溶解石灰岩的能力减弱,进而使得深部岩溶裂隙含水介质的富水性变弱,不同地区的深部岩溶裂隙含水介质的渗透特性随地应力(垂向应力和平均水平主应力)的增加都呈负指数递减。Gangi[24]根据实验结果提出了相关模型,认为完整岩石的归一化渗透系数 $k(p)/k_0$ 随归一化围压 p/p_0 升高而降低。裂隙的渗透性随围压变化可用一个与裂隙粗糙度相关的钉床函数确定:$k(p)=k_0[1-(p/p_1)^m]^3$,其中 k_0 为零压力渗透率,p_1 是粗糙的有效弹性模量,m 是一个常数($0<m<1$),描述粗糙长度的分布函数。Xiao 等[25]评价了裂隙岩体渗流与应力耦合作用下的等效多孔介质(EPM),评价的重点是渗透引起的力的平衡和变形,以及流体通过裂缝的流量,特别强调这 3 个方面之间的相互关系,并假设岩石基质是不透水的,因此流体流动只发生在裂隙中。Yuan 等[26]利用一种水力局部衰减方法研究非均匀岩石的渐进损伤和相关的流动行为,提出了包括强度与刚度的衰减、剪胀和与变形相关的渗透性等 3 个部分的理想化水力本构模型。Heiland 等[27]通过脆性变形实验,发现低孔隙度砂岩在三轴压缩条件下具有渗透演化的特性,类似结晶岩;在预破裂失稳区域,渗透率随应力的压缩作用而降低,扩容后渗透率开始增加,当试件体积恢复到初始状态时,渗透率没有随之恢复;渗透率的增加主要与

扩容有关,有的发生在峰值强度之后,推测当试件发生扩容后有了较大的体积应变,但是裂隙网络还未贯通。

1.2.3 多场耦合作用下煤岩损伤及渗透性演化机理研究进展

1.2.3.1 地应力(有效应力)对煤岩力学和渗流特性的影响

Somerton 等[28]通过试验得到煤体瓦斯渗透率随应力的增加而降低,并建立了应力与渗透率之间的关系;Durucan 等[29]发现应力对煤体瓦斯渗透率的影响与空隙压缩系数有关,并给出了应力与煤体瓦斯渗透率之间的经验公式;何伟钢等[30]重点研究了煤层渗透率与地应力的关系,指出两者呈幂指数关系;尹光志等[31]采用三轴渗透试验装置,通过固定瓦斯压力、设置不同围压值,研究了地应力对突出煤瓦斯渗流特性的影响;周东平等[32]通过三轴渗透仪进行了不同轴向应力、不同围压以及不同瓦斯压力条件下煤体瓦斯渗透特性试验,得到了地应力对煤体瓦斯渗流特性的影响规律;姜德义等[33]开展了有效应力对煤体瓦斯渗透特性的影响研究,得出有效应力与渗透率呈三次多项式变化关系,并进行了试验验证;谭学术等[34]对南桐煤田采样试件进行了三轴渗流试验,得出煤体瓦斯渗透率随平均有效应力增加而呈指数降低;孟召平等[35]通过研究发现煤样瓦斯渗透率随应力的增加呈负指数规律降低,应力下降后渗透率无法恢复到初始水平状态,对应力具有明显的敏感性。

1.2.3.2 瓦斯压力对煤岩力学和渗流特性的影响

瓦斯压力是煤岩内部受到的孔隙压力,煤层中不同区域的瓦斯压力是不同的,在很大程度上会影响煤岩力学和渗流特性,国内外学者对其进行了大量研究。Harpalani 等[36]研究了煤体内渗透率受气体滑脱、基质收缩以及瓦斯压力的影响程度;曹树刚等[37]通过自主研发的三轴渗透仪,对不同轴压、不同围压条件下瓦斯压力对原煤渗流特性影响进行了研究;王刚等[38]通过瓦斯渗透仪,进行了不同瓦斯压力对煤体瓦斯渗透特性的试验研究;祝捷等[39]、张朝鹏等[40]进行了不同瓦斯压力条件下煤样全应力应变过程的瓦斯渗流实验;李佳伟等[41]进行了不同瓦斯压力对型煤和原煤渗透性的影响试验,得到了应力应变及渗透率曲线;秦虎等[42]进行了不同瓦斯压力作用下煤岩在常规三轴压缩下的声发射(AE)特征试验。

1.2.3.3 吸附作用对煤岩力学和渗流特性的影响

陈德飞等[43]进行了变轴压与变围压条件下 CO_2、CH_4、N_2 对煤岩渗流特性的影响试验,指出吸附性越强的气体,煤岩渗透率越低,煤岩膨胀量越大;王臣等[44]在恒围压下进行了不同气体吸附对煤岩渗流特性影响的试验,指出应力-应变曲线表现出滞后性,且吸附性越强的气体滞后性越大,渗透率越低;李祥春等[45]研究了煤体吸附瓦斯后的膨胀变形,表明在煤体中吸附性越强的气体所占的比例越大,煤体膨胀变形越显著,气体压力与煤体膨胀变形量呈正相关;隆清明等[46]在不同压差条件下进行了不同吸附性气体及吸附不同气体量情况下的煤体渗透性实验,指出吸附作用越强,煤体的渗透率越低;周军平等[47]、姜德义等[48]各自采用自行研制的煤体三轴渗流装置,研究了不同吸附气体对煤体渗透特性的影响;Harpalani 等[36]从气体的吸附压力、吸附压差、吸附温度等方面分析了其对煤体瓦斯渗透性的影响;Somerton 等[28]、Hu 等[49]研究了在不同轴压及侧压下煤体的渗流特性和膨胀变形,指出气体吸附降低了煤体的抗压强度;Wang 等[50]采用自主研制的煤岩稳态渗透率测试系统进行了 CH_4、CO_2 和 He 在不同压力和温度下对渗透率的影响试验。

综上所述,国内外对煤岩力学和渗流特性影响因素进行了大量研究,但多集中于常规三轴试验研究,对于真三轴应力和瓦斯渗流耦合条件下的试验研究鲜见报道。

2　水力侵入对煤体结构影响规律研究

由于煤长期深埋于地层中,现有成果多集中于煤岩流固耦合宏观层面,往往通过宏观地改变注水参数试验来观察煤体的裂隙发育程度和润湿范围,没有考虑微观尺度下孔隙结构对注水的影响规律。本章利用超声波技术结合 CT 扫描技术,从探究含水状态下煤体的纵波速度与煤体自身结构关系的角度出发,分析含水饱和度、孔隙、裂隙、润湿高度和波速之间的关系,以直观的方式探究煤体自身结构、含水程度与超声波特征之间的关系,从而为煤岩水力影响范围的监测与作用效果评价提供试验基础。

2.1　试验装置与试验方法

煤岩超声波测试技术中声波特征是非常重要的声学参数,能对煤岩体自身的物理力学特性进行综合反映,因此,对不同条件下的煤体进行超声波特征的精确测量是开展煤岩体超声波特性研究的有效手段。本章对不同煤矿、不同煤岩体试件、不同测试条件以及不同因素影响下的煤体进行超声波测试,其试件主要包括唐口煤矿的原煤试件以及唐口煤矿、梁宝寺煤矿、高家堡煤矿的型煤试件,测试原理如图 2-1 所示。

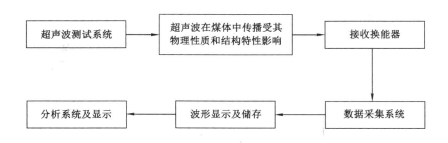

图 2-1　煤体超声波测试原理图

2.1.1　主要试验仪器

2.1.1.1　I-RPT 超声波测试仪

根据《岩样声波特性的实验室测量规范》（SY/T 6351—2012），本章采用由北京东方圆通科技发展有限公司开发研制的 I-RPT 超声波测试仪对煤样进行超声波测试。该测试仪是应用超声脉冲检测技术对岩石、岩芯或其他非金属材料和构件进行无损检测的智能化仪器。它集超声波发射、双通道同步接收、数字信号高速采集、声参量自动检测、数据分析处理、结果实时显示、数据存储与输出等功能于一身，在同一种测量状态下可以对煤岩体等非金属试件进行纵波和横波的超声波测试，并且对其首波振幅及其主频值进行量化记录。此外，它还可用于跨孔法及单孔法一发双收测井，岩体内部缺陷和裂缝深度检测，均质性、损伤层厚度检测，岩体（混凝土试块）动态物理性能参数检测，岩体状态及隧道围岩松动圈检测，混凝土厚度检测等。设备如图 2-2 所示。

 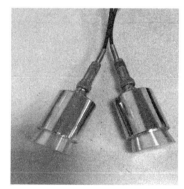

（a）超声波测试仪　　　　　　　　　　　（b）换能器

图 2-2　超声波测试主机及其换能器

为了使换能器与试件充分接触，在其两端涂有适量的耦合剂（本次试验使用摩可 7501 高真空硅脂，如图 2-3 所示），用换能器夹持器（使换能器每次都对试件施加相同的力）固定。

2.1.1.2　数据采集系统

该超声波测试仪可提供 60 V、125 V、250 V、500 V、1 000 V 五挡可调发射电压。可设置波形数据采集两个相邻采样点的时间间隔（0.8～6.4 μs，又称采样时间间隔）。采样时间间隔的选择原则是使其小于所测声时的 1%）。换能器频率为 50 kHz，声时测读精度为 ±0.5 μs，增益精度为 3%。波形检测界面如图 2-4 所示，数据分析界面如图 2-5 所示。

图 2-3 摩可 7501 高真空硅脂

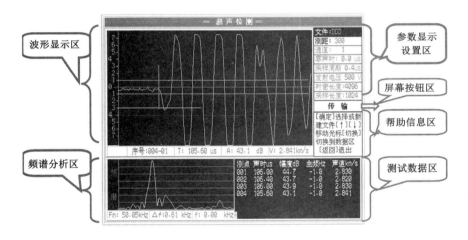

图 2-4 波形检测界面

同时,该测试仪配备了串口(用于自动测桩时连接信号线)、USB 接口(用于将储存数据导入电脑进行分析)、多功能口(用于接收外部触发信号或同步信号)。这些传输接口为后续数据的导出和分析提供了方便。

2.1.2 煤体试件的制备

本试验采用的原煤分别取自唐口煤矿、梁宝寺煤矿和高家堡煤矿。唐口煤矿、梁宝寺煤矿分别位于济宁市任城区南张镇和嘉祥县梁宝寺镇境内;高家堡煤

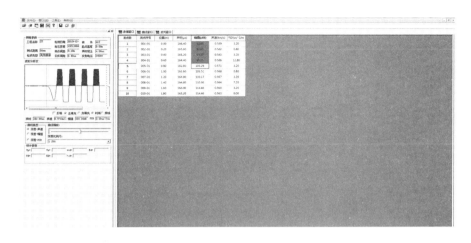

图 2-5　数据分析界面

矿位于咸阳市长武县地掌镇、彭公镇境内。从煤矿井下选取均质性好的坚硬大块原煤,取样时严格遵照国际标准。本次试验需要的煤样分为原煤试件和型煤试件两种。原煤试件是从井下取大块新鲜煤通过加工而成;型煤试件是将新鲜煤样磨碎成细小煤粉颗粒后利用模具压制而成。

利用岩芯钻机钻取均质性好的坚硬大块原煤,其岩芯钻头尺寸选用 $\phi50$ mm$\times$100 mm。为了增加钻取原煤试件的成功率,在钻取前需要将大块原煤切割成厚度接近 100 mm 的尺寸,且上下端面要保持平行,钻取过程中应避免产生裂缝,钻取方向尽量垂直于层理,直径误差不超过 0.3 mm。然后将煤样加工制成不同高度的圆柱体用端面打磨机进行打磨,上下两端的不平行度最大不超过0.05 mm,以保证加载时上下端面受力均匀。

(1)大块原煤观察。首先将大块新鲜原煤取出,进行一系列观测,具体包括:① 通过观察原煤的层理面来确定煤的类型属于原生煤还是构造煤,并粗略观察煤岩组分;② 根据煤体层理面来确定其面割理和端割理的方向;③ 测量煤块的长、宽、高,根据所确定的岩芯钻头的直径(50 mm)进行合理的规划,以确保可以在同一块煤上取尽量多的原煤试件。

(2)切割样品。根据观察和挑选后,在对煤样如何钻取煤芯进行合理划分的同时用白色记号笔画分界线,分界线要尽量细且清晰。用切割机沿着分界线进行切割。在操作切割机时,要注意安全,需要两个人合作进行,其中一人要确保煤样在切割时稳定,另一人进行下刀,需缓慢且连续。为了保证取芯的成功率,煤样上下两端要尽可能的平行。切割机如图 2-6 所示。

图 2-6　煤样切割机

（3）钻取岩芯：

① 选取尺寸为 $\phi50$ mm×100 mm 的钻头，在钻头螺纹处涂抹润滑剂，然后用扳手将钻头拧到钻机上面。钻机如图 2-7(a)所示。

（a）煤样钻机　　　（b）钻取后的原煤

图 2-7　煤样钻取系统

② 在操作台上放置木板，然后将切割好的煤样放在操作台上，调整木板和煤样的位置使之稳定，拧动两侧螺丝使夹板能夹紧煤样。

③ 拧开控制钻钻机头部的把手，使机头可以旋转，旋转到恰当的位置后拧紧把手固定机头。调节钻头高度，使其距煤样约 2 cm。

④ 用管子连接水源和钻头，接通钻机电源，自来水要有一定压力，可使钻头在钻取煤芯的时候冷却，防止煤样着火，在一定程度上也可以促使煤样的取出和冲出煤屑。

⑤ 打开钻机开关,旋动把手使钻头缓缓下降,开始钻取煤芯。在钻取过程中要注意钻头的声音和流水状态,正常情况下,钻头声音浑厚且连续,出水要稳定,缓缓有水流出即可。如钻头出现清脆的声音,试件可能产生裂缝,需立即停止钻取。

⑥ 钻取过程中下降钻头需稳定,应避免时快时慢。当钻头下降至最大行程(约 85 mm)时,关闭钻机开关,当钻头停止转动后,缓缓使钻头上升至初始位置。若煤芯未断裂留在煤块中,可用扳手轻轻敲击未钻透煤芯底部,使煤芯断裂后取出。若煤芯留在钻头中,可加大水压将其冲出,如果仍然在里面,可用扳手轻轻敲钻头顶部取出煤芯。钻取后的原煤和煤芯如图 2-7(b)所示。

⑦ 煤样两端磨平。为了在进行超声波测试时煤样上下两端面与超声波换能器端面均能有良好的接触,需要将煤岩钻机钻取出的煤样两端用切割机进行切割,使上下两个端面尽可能地平行,同时应将煤样的上下两个端面打磨光滑,要求平整度不大于 0.02%。打磨机如图 2-8 所示。

图 2-8　端面打磨机

选取唐口煤矿的新鲜煤块作为研究对象,将其加工制作成直径为 50 mm、高度为 79~110 mm 不等的原生结构煤煤样,如图 2-9 所示。所加工原煤试件信息如表 2-1 所示。

图 2-9　原煤试件

表 2-1 原煤试件信息表

试件编号	孔隙率/%	直径/mm	高度/mm	密度/(g/cm³)
1#	4.8	50.32	79.86	1.365
2#	2.3	50.25	79.76	1.364
3#	1.5	50.18	90.82	1.429
4#	3.5	50.72	102.83	1.268
5#	3.9	50.17	91.14	1.315
6#	2.1	50.31	88.16	1.453
7#	4.1	50.47	91.09	1.277
8#	4.2	50.20	104.45	1.341

2.1.3 测试原理

超声波脉冲传输技术是最常使用的一种非破坏性方法[51-53]。根据《岩样声波特性的实验室测量规范》,使用该技术研究超声波在煤体中的传播。为了使样品端面之间更好地耦合传感器,用夹持器将换能器和样品固定(每次施加相同的力)。试验在常温下进行,温度约为 20 ℃。测量试件长度 L 和超声波穿过试件的时间 T,利用式(2-1)计算波速。测试方法如图 2-10 所示。

$$v = L/T \tag{2-1}$$

式中,v 为超声波速度,m/s;L 为试件长度,m;T 为超声波传播时间,s。

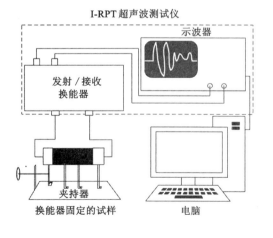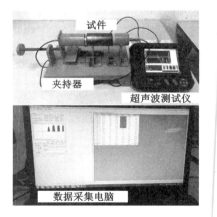

图 2-10 超声波测试系统

2.1.4　测试步骤

煤样超声波速度的测试步骤(图 2-11)如下：

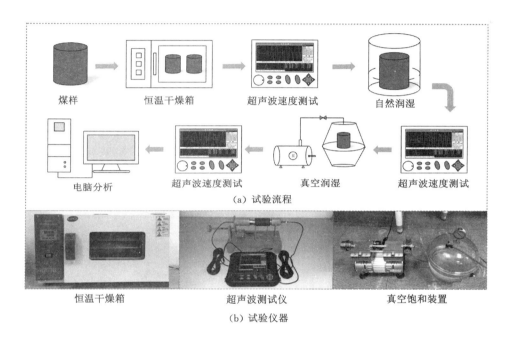

（a）试验流程

恒温干燥箱　　　　　超声波测试仪　　　　　真空饱和装置

（b）试验仪器

图 2-11　试验流程示意图和试验仪器

（1）将试件放入 CT 机中扫描，获取其内部结构，并利用电脑软件将 CT 扫描的结果进行三维重构。

（2）用游标卡尺测量试件尺寸，然后将试件放入 105 ℃真空烘干箱内烘干24 h，并记录下所测试件的质量 M_{dry} 和尺寸。

（3）将干燥的试件进行超声波速度测试(测试时换能器固定在两个端面中心)，并记录其结果。

（4）将试件进行自然吸水试验，分别将煤样润湿不同的高度(分别取试件高度的 1/5、2/5、3/5、4/5、5/5 处)，每个位置润湿相同的时间。

（5）将润湿不同高度的试件进行称重，并对其进行超声波速度测试，做好记录。

（6）将试件放在自然状态下润湿，直到两次测得的质量差值不超过 0.01 g，即达到自然水饱和状态，然后进行超声波速度测试并记录。

（7）将烘干的试件放在真空饱和吸水装置中进行饱和，其间测量吸水试件

的质量 M_i 和达到完全饱和状态时的质量 M_{sat}，并对其进行超声波速度测试。

（8）根据测试结果结合三维重构图进行分析。

本章对原煤进行了自然吸水润湿超声波速度测试试验以及 CT 扫描试验和真空饱和吸水润湿试验。

2.2 CT 扫描及三维重构

2.2.1 X 射线 CT 成像系统

如图 2-12 所示为 X 射线 CT 扫描装置示意图。最左侧是 X 射线源，其工作时向放置在中间位置的岩芯样品发射 X 射线；岩芯样品放置在一个可以沿图中 X、Y、Z 三方向平移并可以沿 Z 轴旋转的工作台上，X 射线穿过岩芯样品后可由右侧的检测器检出射线剩余强度。

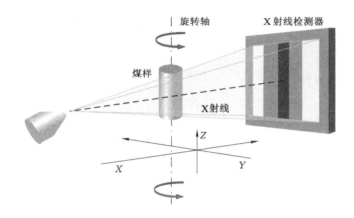

图 2-12　X 射线 CT 扫描装置示意图

2.2.2 CT 技术及设备简介

CT 扫描作为一种无损检测物体内部的技术，能够比较直接和准确地探测物体内部结构，其基本的成像原理是根据煤样中不同的成分对于 X 射线的吸收系数不同，进而出现不同的灰度值来区分孔隙和骨架[54-56]。本次显微 CT 扫描试验所使用的试验仪器是天津三英精密仪器股份有限公司生产的 Nano-Voxel-350E 型高分辨率射线显微镜，如图 2-13 所示。该 CT 扫描仪的基本性能参数如表 2-2 所示。

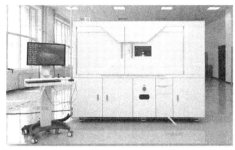

(a) 扫描仪外观图　　　　　　　　　(b) 扫描仪内部构造图

图 2-13　CT 扫描系统

表 2-2　仪器基本性能参数

参数名称	探测器模式	电压/kV	电流/μA	曝光时间/s	帧数	分辨率/μm
数值	大视野	80	100	0.17	1 440	8.462 85

2.2.3　CT 成像原理

CT 扫描技术的基本原理是 X 射线穿过被测物体的横截面后会出现一定程度的衰减,然后通过接收器收集经过物体衰减后的射线信息。当 X 射线穿透照射均匀的物体时,对象的 X 射线衰减系数遵循指数定律。物体对 X 射线的吸收能力一定程度上由物体的密度大小决定,因此,不同密度的物体对 X 射线的吸收能力不同,也就是说,X 射线的衰减程度随着物体密度变化而变化,射线的衰减系数随着物体密度的增大而增大,随着密度的减小而减小。当 X 射线穿过物体时,其光强可由下式计算得出:

$$I = I_0 e^{-\mu l} \tag{2-2}$$

式中,I 代表 X 射线穿过物体后的剩余光强;I_0 代表 X 射线穿过物体前的光强;μ 代表被测物体对 X 射线的吸收系数;l 代表 X 射线与透过物体的距离。

接收器收集到 X 射线的衰减信息后,发送给模数转换器进行放大,随后将其信号积分并转换为数字信号,由计算机进行处理,将其被检测到的横截面图进行重建,最终获得被测物体横截面各点对 X 射线的吸收系数,该吸收系数仅仅受 X 射线的波长的影响。X 射线的吸收系数可以通过下式计算:

$$\mu = \mu_m \rho \tag{2-3}$$

式中,μ_m 表示被检测物体的质量吸收系数;ρ 为物体的密度。

一般来讲,常通过 CT 值来定量表征衰减程度。早年英国的 Hounsfield 教授利用 CT 值对衰减系数的尺度进行了定义,其具体以空气和高密度的骨架作为标准,将它们之间的衰减系数划分为 2 000 个单位,该比例尺的单位称为 HU。其中空气的衰减系数(CT 值)被定义为 -1 000 HU,水的衰减系数(CT 值)被定义为 0 HU。其他物体的 CT 值 H 可由下式计算:

$$H = \frac{\mu - \mu_w}{\mu_w} \times 1\ 000 \tag{2-4}$$

式中,μ_w 代表水的吸收系数。

从上可以看出,被测对象的 CT 值实质上反映了微对象的密度,因此可以获取该物体的各个部分的 CT 值,当所测的 CT 值越高,相应对象的密度越高。CT 值并不是一个不变的常数。因此,CT 图像中颜色深浅的分布清楚地代表了检测到的对象的密度分布,图像还反映了对象内部的微观孔裂缝、层理、节理以及一些缺陷。CT 扫描可以精准、无损地观察煤体微观结构。

影响 CT 系统最终所得图像效果的因素是多方面的,用于推导重建算法的基本假设在实际测量中只能近似满足[57-58]。X 射线与物质的相互作用非常复杂,通常考虑光电效应、康普顿效应和电子对效应,其中康普顿效应有时候可能会对测量结果造成严重的干扰;光子辐射测量涉及微观世界,由随机涨落造成的测量误差是无法避免的;当被测物质内部材料不均匀时,测量得到的结果不再是有效线性衰减系数;被用于 CT 扫描的 X 射线都不是单一频率(单色)的,多色的 X 射线束并不严格满足朗伯-比尔公式,随着射线频率升高,其对应的衰减系数降低;忽略射线源和检测器的尺寸大小也会造成误差;测量方法不当会引起伪影。

2.2.4　CT 扫描试验

在进行扫描时,将煤样分别垂直放置在样品台中心位置,如图 2-14 所示,将煤岩试件装入试验机的试件腔中,并给予一定的预紧应力使试件在腔中的位置能够保持不动。为了提高扫描精度,本次选择了 48 μm × 48 μm 的视场环境,设置了 60 kV 电压、5 W 功率的工作条件,并以恒定的速度进行旋转扫描。然后对该状态下的煤岩试件进行 CT 扫描,每个煤样的扫描时间约为 6 h。通过上述扫描试验,获取了 1 000 张 CT 图像,其图像尺寸均为 1 920 Pixel × 1 920 Pixel,每个像素尺寸约为 48 μm × 48 μm。

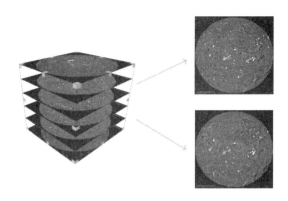

图 2-14　扫描切片图

2.2.5　CT 重构结构特征及其试件分类

在地质作用下以及开采的过程中,煤体内部会产生孔裂隙。孔隙和裂隙通常具有复杂多样的几何形态和错乱的空间分布,因而形成错综复杂的孔裂隙结构。图 2-15 是本次试验所使用试件的三维结构图。

根据三维重构结果显示,1#试件上下两个端面均匀分布有丰富的孔裂隙,煤体中央层理分布明显,裂隙发育强烈,裂隙以垂直于层理居多,主裂隙延伸发育的支裂隙较为丰富,贯穿于两个端面。2#试件上下两个端面的孔裂隙结构居多,裂隙发育较弱,内部存在一条倾斜的裂隙,从下到上裂隙密度逐渐减小,少量的微孔处在煤体 4/5 的位置。3#试件裂隙发育不明显,右上角位置存在较多的裂隙。4#试件裂隙较为均匀地分布于煤体内部及端面,主要的孔裂隙处在轴心及轴心向外的小范围内,煤体外壁基质胶结良好,孔裂隙结构少。5#试件裂隙密度较小,孔裂隙错综复杂地存在于试件当中,其中垂直于端面的裂隙较多,一条趋近于水平的裂隙贯穿整个试件。6#试件上端面孔裂隙多且大量的裂隙分布在煤体周围的一侧,少量的孤孔分布在试件内部。7#试件与 1#试件结构相似,区别在于 1#试件有着更多的端面裂隙。8#试件裂隙密度从顶部至底部逐渐变大。此外,从 CT 扫描的结果可得出试件的分形维数,从小到大依次是 6#、3#、2#、4#、7#、5#、8#、1#试件,分别为1.801、1.978、2.047、2.129、2.142、2.274、2.281、2.345。

为了便于研究,本书利用结构参数将试件进行分类,通过求取试件的等效孔隙数量、分形维数、孔隙率的中间值,即求取纵向中间坐标值,小于该值的试件为Ⅰ类,大于该值的为Ⅱ类(表 2-3),比较可得,试件 2#、3#、6#为Ⅰ类,1#、4#、5#、7#、8#为Ⅱ类(图 2-16)。

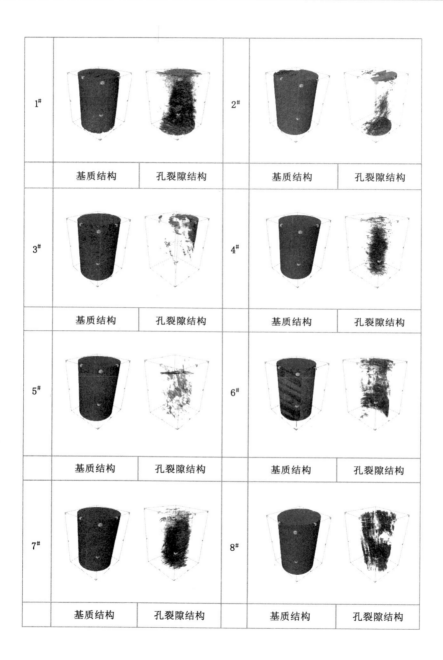

图 2-15　三维煤基质结构与三维孔裂隙结构

表 2-3　样品分类标准

类别	等效孔隙数量	分形维数	孔隙率/%
I	<116 765	<2.127	<3.15
II	>116 765	>2.127	>3.15

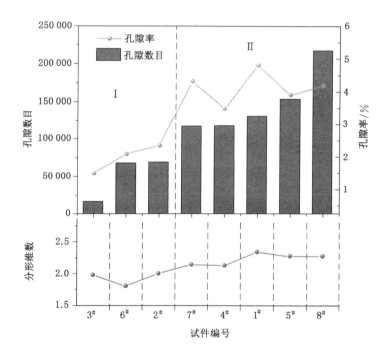

图 2-16　试件分类结果

2.3　自然润湿状态煤体超声波特性研究

从图 2-17 可以看出,1# ～8# 试件在干燥状态下纵波波速范围为 916～2 157 m/s,在自然全部润湿情况下纵波波速范围为 1 377～2 479 m/s,从干燥到全部润湿状态下,相对变化率分别为 54.1%、5.1%、6.6%、44.1%、52.4%、14.9%、27.3%、43.5%。在不同高度的润湿状态下,各试件波速变化最大的阶段分别为润湿 2/5、3/5、4/5、5/5、1/5、1/5、4/5、2/5 处,分别达到了 155 m/s、

157 m/s、67 m/s、247 m/s、232 m/s、140 m/s、157 m/s、205 m/s。随着煤样的润湿程度不断增加,波速呈近似指数增长的非线性变化。

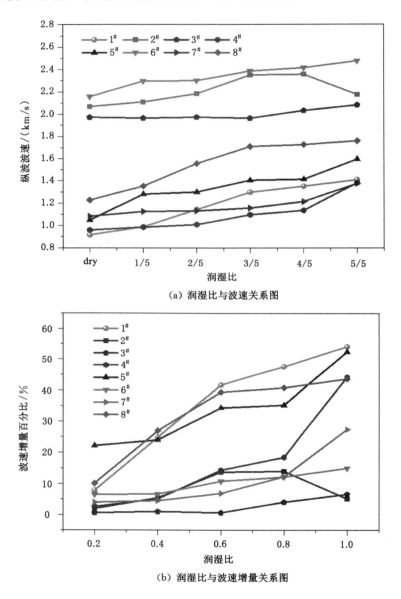

(a) 润湿比与波速关系图

(b) 润湿比与波速增量关系图

图 2-17 不同试件纵波波速及其增量与润湿比的关系

　　煤样密度以及超声波波速作为煤岩本质的外在表现,两者的变化规律存在必然的联系。对比表 2-3 和图 2-17 可知,煤样纵波波速存在随密度增大而增大的趋势。煤样密度越大,内部胶结越好,整体结构越致密,颗粒与颗粒之间的距离越小,这样粒子弹性变形可以更加有效地传递到下一个质点。与此同时,煤样密度越大,内部结构越完整,结构表面越少,弱化介质(空气、泥、水)越少,波的传播速度越快。

　　在自然润湿后,Ⅰ类试件纵波波速的增长率相对于Ⅱ类较小。究其原因:一方面是Ⅱ类试件的孔隙率较大,孔隙率的大小决定了试件的储水能力,在相同条件下孔隙率大的试件进入的水更多,润湿效果更好,波速增长更快;另一方面是Ⅱ类试件的分形维数较大,构造变形越强烈,孔表面越不规则,微孔含量越多[59],粗糙且曲折的孔隙壁使声波受到了阻碍,而水的进入可以溶解不规则的孔隙壁,使折射、散射、衍射的概率减小,波的传播能力更强,致使超声波的传播速度增长更快。

　　2# 试件随着润湿高度的增加,波速出现下降的现象,其一方面原因可能是吸附过程中形成的结合水分子通过"水楔作用"挤压进入煤颗粒之间的缝隙内,增大了颗粒的间距,引起纵波波速降低[60];另一方面原因可能是水的加入降低了煤体的弹性模量[61],从而使纵波波速下降。

　　煤样在结构上存在差异,导致在每一段润湿范围内的增长速率也各有不同,例如 1# 试件,在大约 1/5 高度处存在大的裂隙,在试件底部的位置孔裂隙发育较好,当润湿到一定高度后,孔裂隙中的空气逐渐被水替代,水的存在使分子活动能力加强,为纵波提供了良好的介质传播条件,在一定程度上降低了煤体的各向异性,从而使煤体内部变得更加均匀。这也解释了为何 1# 试件在润湿 1/5～2/5 范围内波速增长速率最快。而 3#、6# 试件纵波波速变化幅度较小,其原因主要是微观孔裂隙较少,且大多处于试件表面,导致水不能轻易地进入试件内部。4#、5# 试件孔裂隙较为均匀地分布在试件中心,不同之处在于 5# 试件存在一条水平的裂隙,这导致 5# 试件在润湿后波速的增长比 4# 试件快。孔裂隙结构是影响波速的主要因素。另外,波速增长的快慢也反映了润湿效果的好坏。

　　水在煤体中的运动可以分为它的自运动和压差所造成的运动。自运动相当于煤在水中自然润湿,它取决于水的重力和水与煤的物理化学作用。但水的运动能力有限,在遇到一些未连通的孔裂隙时,水的动力不足以突破其阻力,因此,水的自运动仅仅可以润湿煤体的浅层。为此,将进一步研究压差情况下煤体的润湿情况及其规律。

2.4 真空润湿状态煤体超声波特性研究

利用含水饱和度对其饱和过程进行表征,试件的含水饱和度 S 可用下式计算得到:

$$S = \frac{M_i - M_{\text{dry}}}{M_{\text{sat}} - M_{\text{dry}}} \tag{2-5}$$

式中,M_{dry} 为干燥试件的质量,g;M_i 为在饱和过程中,每次测得的质量,g;M_{sat} 为试件吸水饱和的质量,g。试件含水饱和度随着时间的变化如图 2-18 所示。

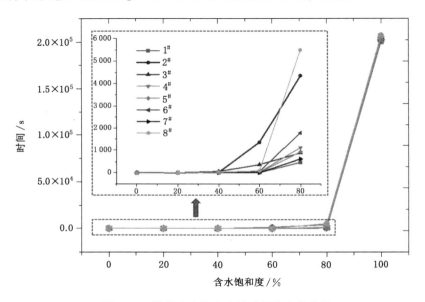

图 2-18　煤样含水饱和度随时间的变化曲线

由图 2-18 可知,试件含水饱和度在约 56 h 后接近饱和状态,大多数试件在短时间内达到了 40% 的含水饱和度。随着饱和度的不断增加,不同的试件出现了明显的差异,$1^\#$、$2^\#$、$3^\#$、$4^\#$、$5^\#$、$6^\#$、$7^\#$、$8^\#$ 试件分别在 17 s、1 350 s、370 s、35 s、52 s、68 s、16 s、28 s 达到了 60% 的饱和度,分别在 8 min、73 min、15 min、19 min、15 min、29 min、10 min、92 min 达到 80% 的饱和度。

通常情况下,含水饱和度随着时间的增加而增加,特别是在第一个小时内这种趋势最为明显,同时,含水饱和度的增加速率也将变得越来越缓慢(图 2-19)。这是因为随着时间的推移,内部小颗粒会发生膨胀,使得孔裂隙的通道收缩而变得狭窄,影响水的流动,从而使煤样的饱和吸水率下降。

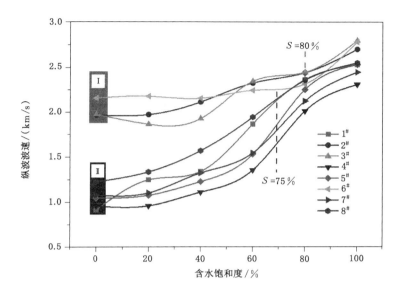

图 2-19　波速随含水饱和度的变化曲线

　　现以 1# 和 2# 试件来讨论含水饱和过程。由图 2-15 可知,1# 试件上下端面存在较多的孔裂隙,内部垂直层理贯穿整个试件,在负压的作用下,孔隙内部的空气由内向外溢出,较好的孔隙连通性使空气迅速被水置换,在很短时间内就能达到较高的饱和程度。2# 试件一方面上下两个端面孔裂隙结构少,端面紧实,减缓了空气流出的速度,同时增大了水流动的阻力;另一方面在接近顶部的位置,存在许多孤孔,当水向内部侵入时,这部分孔隙会阻止空气的流出以及水的流入,且独立的孔隙降低了孔隙之间的连通性,大大降低了饱和的速率。

　　如图 2-20 所示,试件含水饱和度与纵波波速呈正相关关系,可以用 $y = ae^{bx} + c$ 表示,其中 y 为波速,x 为含水饱和度。在低饱和度时,试件的波速变化较小,2#、3# 试件含水饱和度在 20% 时的波速比其在干燥时略有下降,其他试件的波速都呈现出小幅度增加趋势。

　　岩体内的含水饱和度会影响纵波波速的变化[62],波速也会受到流体饱和度及其空间分布的影响[63]。孔隙结构特征会影响岩石物理参数,如超声波波速、渗透率、孔隙率等[64]。微观孔隙可以分为吸附毛孔($< 0.1\ \mu m$)、渗透毛孔($0.1 \sim 100\ \mu m$)和节理($> 100\ \mu m$)3 种[65]。本次试验,受分辨率的限制,只可以监测到渗流孔和裂隙。

　　超声波在煤体中传播时,节理(孔隙)的存在增加了声波的传播路径,降低了相应的波速。节理对波速的影响因素不仅包括节理方向,还包括节理的结

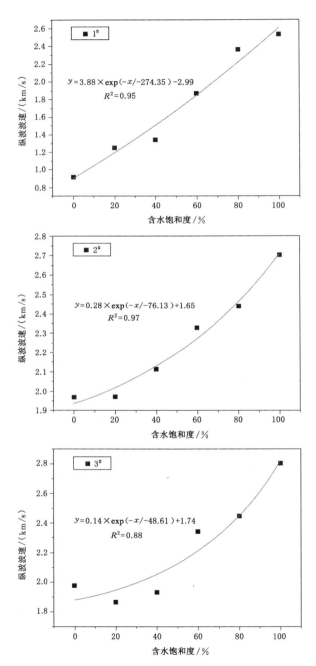

图 2-20　不同含水饱和度与波速的关系图

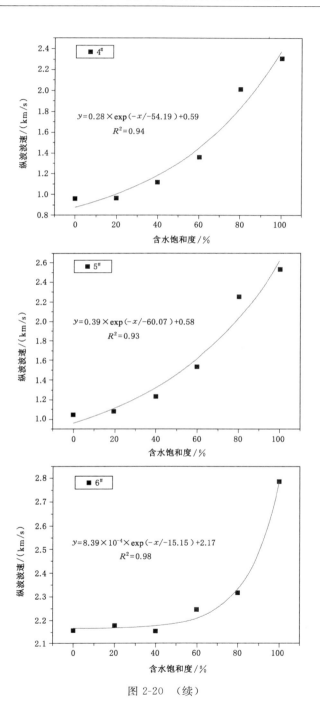

图 2-20 （续）

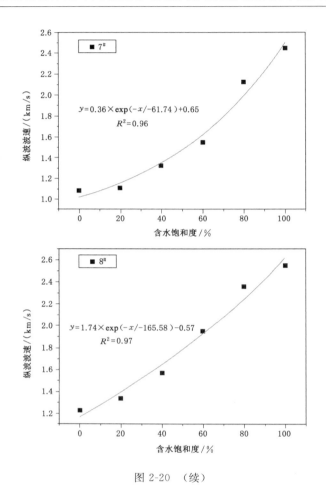

图 2-20 （续）

构和大小以及节理面的平滑程度。随着节理面粗糙度的增加，波速会降低。孔隙对声波速度的影响因素则更为复杂。由于孔隙形状各异，并不是理想状态下的球形结构，而是在不同的方向上有一定延伸[66]，因此，在研究声波速度和孔隙的关系时，需将孔隙的延伸方向以及腔体大小对声波波速的影响考虑在内。关于孔隙度对纵波速度的影响，相关学者已经将它们的关系量化[67-69]。在初始饱和过程中，孔隙对波速的影响较大，但随着试件含水率的增加，水逐渐成为影响波速的主导因素。通过图 2-19 可知，在饱和初期，波速随着试件含水饱和度的增加增长较为缓慢，而当试件处于较高含水饱和度时，波速迅速升高，其中Ⅰ类试件大约在含水饱和度为 80% 以上时波速迅速升高，Ⅱ类试件大约在含水饱和度为 75% 以上时波速迅速升高。

2.5 两种饱和状态下的比较

在自然润湿的情况下,水在重力作用下进入煤体当中,整个过程中伴随着毛细管作用,水在大的孔裂隙中一般为渗流作用,在微孔、小孔中则为扩散和吸附作用。而在真空吸水饱和状态下,不仅包括试件自身与水的作用,还增加了外在的吸力。

如图 2-21 所示,纵波波速随煤样孔隙率的增加总体呈现下降趋势。在干燥状态下,干燥煤样随着孔隙率的增加其波速下降幅度达到 1 241 m/s。在自然润湿状态下,随着润湿程度的增加波速下降幅度不断减小,当试件达到完全润湿状态时,波速随着孔隙率的增加下降幅度为 1 002 m/s,小于干燥状态。在真空吸水饱和过程中这种现象更加明显,波速的下降幅度为 482 m/s,远小于干燥状态,说明随着试件含水程度的不断增加,孔隙度对波速的影响下降。如图 2-22 所示:饱和时波速的增量随着孔隙率的增加而增加,增长曲线的斜率随着孔隙率增加而不断减小;波速的增量也与分形维数的大小呈正相关关系,波速增长曲线的斜率随着分形维数的增大而不断增大。

孔隙连通域是判别孔隙在三维空间连通性的重要表征形式,主要包括孤立孔隙和连通孔隙,连通孔隙又可分为Ⅰ级连通域、Ⅱ级连通域和Ⅲ级连通域[70]。

如图 2-23 所示,真空饱和状态下的波速大于自然饱和状态下的波速,其中Ⅰ类试件波速的差距较小(306～686 m/s),Ⅱ类试件的差距较大(890～1 120 m/s)。究其原因,如图 2-24 所示:6# 试件,在试件外壁存在Ⅲ级连通域,少数微小的孔隙孤立地分布于基质中间位置,仅通过煤体自身作用就可以充满大多数的孔隙;在负压作用下,连通性差的孔隙内的空气被置换出来,水向内部延伸,达到在自然吸水状态下达不到的位置。而 4# 试件的孔裂隙大多分布在煤体中央,没有连通性范围较广的Ⅱ、Ⅲ级连通域,煤体周围良好的胶结导致自然吸水并不能充分地润湿煤体内部,而在负压作用下空气逐渐被抽出,随之水占据这些孔隙的位置;此外,在负压作用下一些未连通的裂隙贯通,从而水可以进入。在进行超声波测试时,试件中心位置的孔裂隙结构对其影响较大,6# 试件中央少量的孔隙结构使两种饱和状态下水的含量差异较小,从而导致两种状态下波速相差无几。相反,4# 试件内部含有丰富的裂隙,在负压作用下水可以通过胶结良好的外壁充分地进入试件内部,充足的水分使煤体的不均匀性得到很大的改善,这是导致两种状态下波速差异较大的主要原因。

连通域仅能反映连通性的一方面,孤孔含量是判别孔隙连通性的另一个重要表征形式,为此,尝试利用波速来计算孤孔含量,本书采用的是 Wyllie 等人[71]

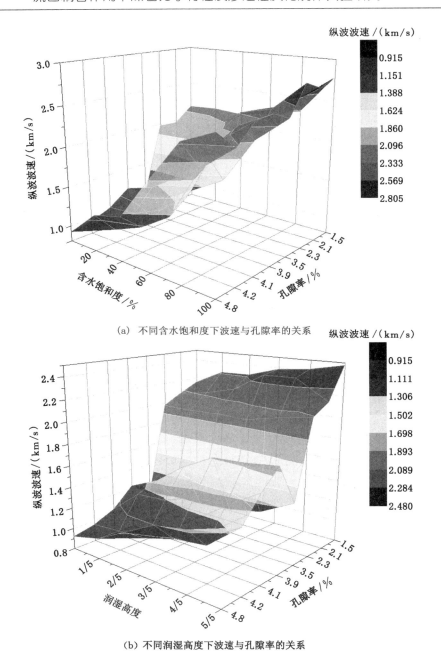

（a）不同含水饱和度下波速与孔隙率的关系

（b）不同润湿高度下波速与孔隙率的关系

图 2-21　不同润湿情况下 P 波波速与孔隙率关系图

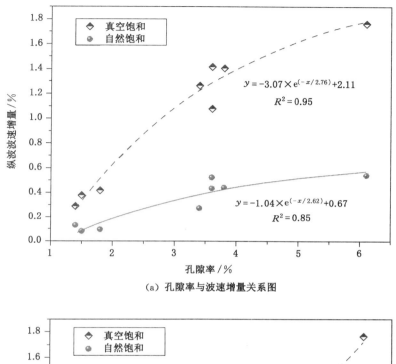

（a）孔隙率与波速增量关系图

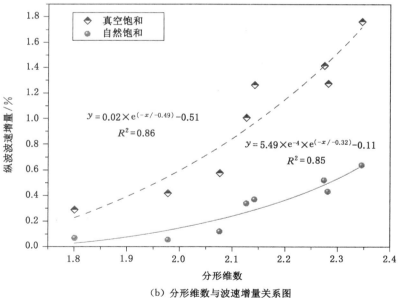

（b）分形维数与波速增量关系图

图 2-22　不同润湿情况下孔隙率以及分形维数与波速增量关系图

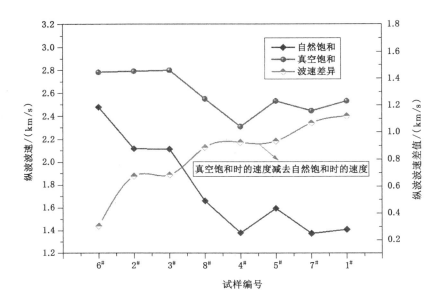

图 2-23　自然饱和状态与真空饱和状态下波速及其差值图

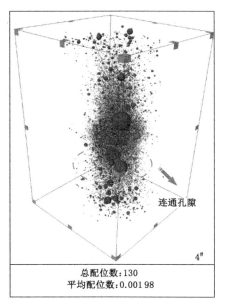

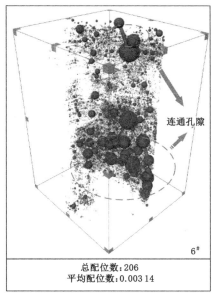

图 2-24　等效孔隙及其配位图

推导出来的时间平均公式：

$$\frac{1}{v_P} = \frac{1-\delta}{v_m} + \frac{\delta}{v_w} \qquad (2\text{-}6)$$

式中，v_P 是水饱和岩石实际测得的波速，m/s；v_m 是岩石固体骨架部分的波速，m/s；v_w 是岩石孔隙中液体的波速，m/s；δ 是孔隙度的大小。

　　在自然吸水饱和过程中，水在自然状态下仅能进入煤基质间的微裂隙以及连通孔隙，而在真空吸水饱和过程中，水才可以进入煤基质的微孔隙和连通性较差的孔隙。不难看出，真空吸水饱和状态更加符合时间平均公式。对于自然吸水饱和状态，将其近似地认为由 3 种组分构成，即孔隙水、空气、煤基质。根据式(2-6)，可知道适用于两种饱和状态的公式为：

$$\frac{1}{v_P} = \frac{1-\beta-\theta}{v_m} + \frac{\theta}{v_w} + \frac{\beta}{v_a} + \partial \qquad (2\text{-}7)$$

式中，v_a 是岩石孔隙中气体的波速，m/s；θ 和 β 分别代表孔隙水和空气占的百分比；∂ 为修正系数。此公式的假设忽略了其孔裂隙的曲折程度，在此利用分形维数进行修正。

　　为了验证式(2-7)的可行性，将 AVIZO 软件得出的孤孔值与计算值进行对比，图 2-25 代表了两种方法所得的孤孔所占的百分比以及偏差平方(Δ^2)。由图可得，式(2-7)得到的计算结果基本符合实际情况，试件的偏差平方均小于$(0.13\%)^2$，即证明在偏差为$[-0.4,0.4]$的置信区间内该理论公式是可行的，因此可以利用波速来求孤孔含量。

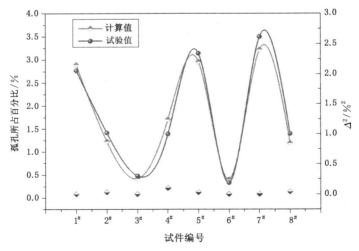

图 2-25　不同试件孤孔的试验值和计算值及其偏差平方

2.6 本章小结

在本章中开展了 CT 扫描试验,通过扫描结果进行了三维重构,并在不同润湿情况下对比分析了孔裂隙微观结构对超声波波速的影响,得到了以下重要结论:

(1)在自然润湿情况下,煤样含水程度与纵波波速呈正相关关系。Ⅰ类试件干燥时波速较快,润湿不同高度后波速增长较缓;而Ⅱ类试件则是干燥时波速较慢,在进行润湿后增长较快,说明Ⅱ类试件的润湿效果更好,其中试件的水平裂隙结构对其影响较大。

(2)在真空饱和润湿状态下,含水饱和度与波速的关系可用 $y = a\,\mathrm{e}^{bx} + c$ 表示,Ⅱ类试件波速的涨幅高于Ⅰ类的涨幅,其中Ⅰ类试件含水饱和度大约在 80% 以上时波速会迅速升高,而Ⅱ类试件含水饱和度大约在 75% 以上时波速会迅速升高,说明孔裂隙密度小的波速比孔裂隙密度大的波速对水的敏感性弱。

(3)基于 CT 三维重建计算了结构参数,定量表征了波速增量与孔隙参数、分形维数之间的关系。波速增量与孔隙率、分形维数呈正相关关系,分别用 $y_1 = a\,\mathrm{e}^{bx_1} + c\,(a<0,b<0,c>0)$、$y_2 = a\,\mathrm{e}^{bx_2} + c\,(a>0,b>0,c<0)$ 表示,其中 x_1 与 x_2 分别为孔隙率和分形维数。

(4)自然吸水饱和状态下的波速小于真空吸水饱和状态下的波速,存在Ⅱ、Ⅲ级连通域的试件波速差距较小,存在Ⅰ级连通域的试件波速差距较大,表明孔裂隙的连通性是造成此现象的主要因素。因此,可以利用两种饱和状态的波速来推测其胶结程度和孔隙连通情况。

3　压剪应力下煤岩水力耦合力学特性及渗透性演化规律

　　水力作用对煤岩力学行为有着直接的劣化损伤效果。基于压剪破坏为煤岩失稳的主要形式之一,本章进行了完整岩石在不同含水率与不同孔隙水压以及不同注水压力条件下的剪切破坏试验,研究其力学参数演化规律,利用数学统计方法对剪切断裂结构面进行参数表征,为研究破断岩体的二次滑移失稳预判奠定基础。

3.1　试验装置与试验方法

3.1.1　煤岩剪切-渗流耦合试验装置

　　为了实现上述的试验方案,采用重庆大学煤矿灾害动力学与控制国家重点实验室的煤岩剪切-渗流耦合试验系统,如图 3-1 所示。该系统主要由 5 部分组成:伺服控制加载系统、流体源加载系统、剪切盒及其密封系统、试验控制与数据采集系统、煤岩断面三维扫描系统。

图 3-1　煤岩剪切-渗流耦合试验系统

本试验中流体源加载系统采用水源加载系统,由 JY-HT-010-A 型液压试验机提供水压,如图 3-2 所示。该机器是通过气驱液泵实现的,通过气体驱动的变化而产生高压液体,输出压力稳定,流量较大,可实现自动保压。在试件剪切过程中需要水压在短时间内做出微调,该设备都能很好地满足。

图 3-2　JY-HT-010-A 型液压试验机

剪切盒及其密封系统是整套系统中核心的设计,主要包括上剪切盒、下剪切盒与相应的密封圈,如图 3-3 所示。注水口采用中心孔注水向四周辐射至出水口的设计方式,接口处均采用螺纹密封。剪切盒腔内为试件安放处,通过内部夹具的不同可以放置不同形状的试件,本书采用边长为 100 mm 的立方体试件。试验时该盒体密封性好,上下盒体接触紧密且灵活,完全满足试验要求。

伺服控制加载系统利用高压油泵提供动力,液压驱动伺服阀控制法向与切向位移和力的加载,稳定安全地提供加载条件,最大可加载 300 kN 的试验力,且精度较高。法向位移与切向位移采用 6 个 LVDT 位移传感器检测,法向位移取其中 4 个的平均值,切向位移采用其中 2 个的平均值,增加测量的准确性。

试验控制与数据采集系统界面简洁且操作方便,点击已经设计好的试验指令或自行编程输入相关指令,采集数据频率高,精确可靠,并且数据可以实现实时可视化,可以调节数据的横纵坐标,方便试验者从不同角度进行观测。

整个系统的主要技术参数如下:

(1)法向静态与切向静态最大试验力为 300 kN;

(2)渗透水最大试验压力可达 5.0 MPa;

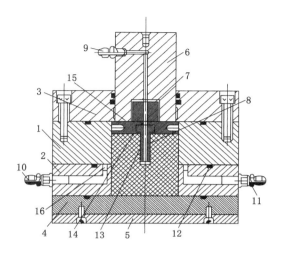

1—上盒体；2—下盒体；3—上盖；4—下盖；5—绞板；6—压杆；7—试件压头；8—试件接头；9—进水口；
10—第一出水口；11—第二出水口；12～15—密封圈；16—流体环道。

图 3-3　剪切盒及其密封系统

（3）力控制加载速度范围为 0.01～10 kN/s，位移控制加载速率范围为 0.005～100 mm/min；

（4）变形测量范围为 0～40 mm，分辨率为 0.01 mm；

（5）流量计最大量程为 5.0 L/min；

（6）LVDT 位移计量程为 0～40 mm。

3.1.2　三维立体扫描仪

为了对煤结构面上的形貌特征信息进行采集与分析，本试验采用 OKIO-B 型非接触式光学扫描仪（图 3-4）对结构面进行扫描。该仪器可以自动识别并建立三维坐标系，具有扫描精度高、数据量大和操作方便等特点。得到的数据通过 ASC 点云文件格式输出，配合运用 Matlab 软件编写特定程序，定量地对结构面进行统计分析，得到试验条件下结构面的形貌参数变化规律。

3.1.3　岩样采集与制备

本书中试验所用岩样为砂岩，取自重庆井口地区三叠系上统须家河组，属陆源细粒碎屑沉积岩，粒径为 0.1～0.5 mm，其主要矿物组成为石英、长石、燧石和云母等。砂岩岩样密度为 2.32 g/cm³，单轴抗压强度为 81.04 MPa，内聚

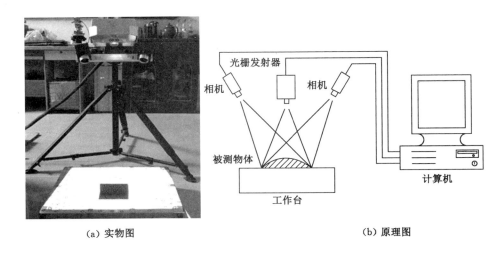

(a) 实物图   (b) 原理图

图 3-4　OKIO-B 型非接触式光学扫描仪

力为 11.52 MPa,内摩擦角为 67.18°,弹性模量为 6.79 GPa,泊松比为 0.26。由于岩石试件个体差异导致其试验结果具有离散性。本章中每组岩样均取自同一块完整岩块,并均进行 3～5 次试验,选取 2～3 次较为接近的试验结果进行对比分析。首先,将岩块切割成边长为 101～103 mm 的立方体试件,然后采用湿式加工法将试件打磨成 100 mm×100 mm×100 mm 的立方体试件,按照国际岩石力学学会建议标准,保证试件的端面平整度、垂直度以及平行度,并将两端面的平行度控制在 0.02 mm 以内。图 3-5 为部分加工好的试件照片。其中,为进行注水试验,利用开孔器在试件中心位置预制中心孔,注水孔孔径为 8 mm,压裂段长度为 5 mm,便于后期进行试验。在试验加载过程中,砂岩试件受力情况如图 3-6 所示。

图 3-5　部分砂岩试件照片

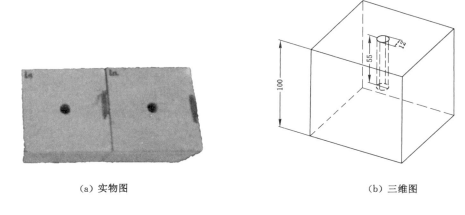

（a）实物图　　　　　　　　　　　　　　　（b）三维图

图 3-6　打孔砂岩试件

3.1.4　试验方案与试验步骤

3.1.4.1　试验方案

针对水力作用对煤岩的不同影响范围以及不同影响形式，本书将其划分为整体影响和局部影响，其中整体影响按照水力渗入的不同阶段分为不同含水状态和不同孔隙水压力，局部影响则为不同注水压力，分别探讨含水状态、孔隙水压力和局部注水压力对剪切破坏的参数影响以及破坏后断裂面的参数演化机制，每组试验中其他参数保持一致，具体参数参见表 3-1。

表 3-1　完整砂岩压剪试验方案

影响范围	作用形式	法向应力 N/MPa	剪应力水平 $(\tau/\tau_{\max})$/%	相对含水率 ω_{re}/%	孔隙水压力 u/MPa
整体	含水状态	2.0	—	0.0	0.0
				50.0	
				100.0	
	孔隙水压力	2.0	—	100.0	0.0
					1.0
					2.0
					3.0

表 3-1(续)

影响范围	作用形式	法向应力 N/MPa	剪应力水平 (τ/τ_{max})/%	相对含水率 ω_{re}/%	孔隙水压力 u/MPa
局部	注水压力	2.0/3.0/4.0	0.0	0.0	0
			20.0 ± 0.05		
			50.0 ± 0.05		
			60.0 ± 0.05		
			70.0 ± 0.05		
			80.0 ± 0.05		

注:本书中考虑不同含水状态,选取相对含水率 ω_{re} 分别为 0.0%、50.0% 和 100.0%;剪应力水平 (τ/τ_{max}) 中,τ_{max} 为在特定法向压力条件下未施加水头压力时的峰值剪应力,τ 为实际施加剪应力值。

根据《工程岩体试验方法标准》(GB/T 50266—2013),将加工后砂岩试件做如下处理:

(1) $\omega_{re}=0.0\%$:将砂岩试件放入温度为 105 ℃ 的烘干箱中烘干 48 h,然后放到干燥器皿中冷却到室温,进行试验。

(2) $\omega_{re}=100.0\%$:采用自由浸水法饱和,即将试件放入水槽,先注水至试件高度的 1/4 处,以后每隔 2 h 分别注水至试件高度的 1/2 和 3/4 处,6 h 后全部浸没试件,在水中自由吸水 48 h 后,取出试件并沾去表面水分称量,进行试验。

(3) $\omega_{re}=50.0\%$:先将试件进行烘干,然后以 $\omega_{re}=100.0\%$ 为基准,计算 $\omega_{re}=50.0\%$ 岩石所需达到的质量,将 $\omega_{re}=100.0\%$ 试件放于通风处自然风干,将岩石反复称重,直至基本达到所需的质量,称重并计算实际相对含水率,由于无法做到完全精确,其相对含水率在 49%～51% 之间,书中用 50% 表示。

3.1.4.2 试验步骤

(1) 前期准备:测量试件的长、宽、高、质量等基本参数,并用马克笔标明试件编号、剪切方向,在试验记录表上填写试验时间、试验条件和试件基础参数等信息。

(2) 试件安装:对齐上、下剪切盒体,拧紧夹紧钢板,先将无孔压头安装到试件压杆上,将试件放入剪切盒腔体内,将上盖与压杆通过螺纹连接,再与试件压头连接,然后拧紧上盖与上剪切盒之间的紧固螺丝,最后将压盘安装至压杆上进行固定。

(3) 装置安装:将载有剪切盒体的移动底座推入至垂直加载作动器正下方,将移动底座滚轮升起,使移动底座落于试验台上;通过计算机控制水平加载作动器将剪切盒推至试验台中间,摇动反力手轮,将剪切盒进行切向固定;控制垂直加载作动器使压头恰好与压盘接触,通过力加载方式预加法向荷载至预定值,然后在压盘与上剪切盒体分别安装法向和切向容栅式数字位移传感器(LVDT),其中法向 LVDT 前后左右各 1 个,切向 LVDT 前后各 1 个,并将进水管与进水口密封连接。

(4)进行试验:检查测试各传感器与控制系统、伺服控制加载系统是否正常。通过流体源系统将水压加载至预定值并保持恒定[注:施加孔隙水压力时,将设备注水孔关闭,通过出水孔施加水压,使试件周围形成稳定水压力,其受力示意图如图 3-7(a)所示;施加局部注水压力时,通过注水孔施加注水压力,如图 3-7(b)所示,出水孔打开并连接流量计监测流量]。通过位移控制的加载方式施加剪切荷载或注水压力荷载,其中剪切加载速率为 0.1 mm/min,注水压力加载速率为 6 mL/s,开始试验,对试验全过程进行实时监测。

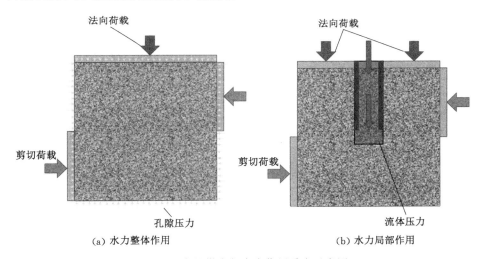

图 3-7　完整煤岩与水力作用受力示意图

(5)试验结束:待试件被剪断,关闭水压加载并卸压,停止试验机并保存数据,试验结束。将法向加力杆、切向加力杆、切向反力杆退回,将移动底座滚轮下降,使移动底座升高,将剪切盒拖出,拆除紧固螺钉和夹紧钢板,分离上下剪切盒,将试件上、下半块取出以备扫描,进行设备维护。

(6)断面扫描:为了确保扫描仪的精度,先将扫描仪按照使用说明手册上的步骤进行定标(定标之后的精度可以达到 10^{-3} mm 级),将试件上、下半块复位扫描得到整体数据,之后依次扫描试件的下断面与上断面并得到其上、下断面的基础数据,再利用配套软件对断面数据建立共同的坐标系,获取断裂面的坐标信息,保存为.dat 格式文件,以备特征参数计算和绘制断面三维形貌图。

3.1.5 结构面各向异性量化表征方法

3.1.5.1 各向异性参数选取

为研究含结构面岩体剪切行为的各向异性,建立模型,首先要选取能够代表剪切断裂面各向异性的参数。图 3-8(a)为对 100 mm×100 mm×100 mm 的正方体试件进行法向应力为 1.0 MPa 条件下剪切断裂试验获得的剪切断裂结构面的三维形貌直观图。由于 JRC 是最为广泛应用的结构面参数之一,首先以 15°为间隔,选取断裂面上共 12 条剖面线计算 JRC 值[图 3-8(b)]并绘制 JRC 值各向异性雷达图[图 3-8(c)]。可以发现,断裂面具有明显的参数各向异性,但是存在二维参数的局限性,仅仅通过一条剖面线的参数无法代表整个结构面,而同时目前较为成熟的分形维数法被用于对断裂面特征进行量化,但由于其基于整个结构面进行计算,又缺乏方向性。因此,选取一个合适的,既可以代表部分结构面特征,又具有明确方向性的参数尤为重要。

为克服以上两点困难(消除二维参数的局限性、体现结构面的方向性),本书借助地质统计学中的空间变异函数(又称变异函数)作为表达断裂面各向异性的参数。变异函数(Variogram)把统计相关系数的大小作为一个距离函数,是地理学相近相似定量的定量化,具有两个自变量(方向、采样间隔)和一个因变量(变异函数值)。在分析岩石结构面粗糙各向异性时,考虑参数不连续的特性,计算变异函数的基台值与变程的方向各向异性。

3.1.5.2 结构面变异函数计算

变异函数随取样间隔距离 h 变化而变化,其定义公式如下:

$$\gamma(h,\theta) = \frac{1}{2N(h)} \sum_{i=1}^{N(h)} \{Z(x_i,y_i) - Z[(x_i,y_i) - h(\theta)]\}^2 \qquad (3\text{-}1)$$

式中,$N(h)$ 为间隔距离为 h 的计算对数;$Z(x,y)$ 是位置 (x,y) 处的高度;$Z[(x,y) - h(\theta)]$ 为距点径向距离为 h、方向为 θ 的点的高度。

岩石表面在空间上是连续变异的,所以变异函数应该是连续函数,用于拟合该函数的方程称为变异函数的理论模型,常见的有指数模型、高斯模型、线性模型、对数模型、幂函数模型、球状模型等[72]。本书中经过对比,选用能较好拟合断裂面变异函数的球状模型进行拟合(图 3-9),其公式如下:

$$\gamma(h) = \begin{cases} 0 & (h=0) \\ C_0 + C\left(\dfrac{3}{2}\dfrac{h}{a} - \dfrac{1}{2}\left(\dfrac{h}{a}\right)^3\right) & (0 < h \leqslant a) \\ C_0 + C & (h > a) \end{cases} \qquad (3\text{-}2)$$

式中,C_0 为块金值;C 为基台值;a 为变程;h 为间隔距离。

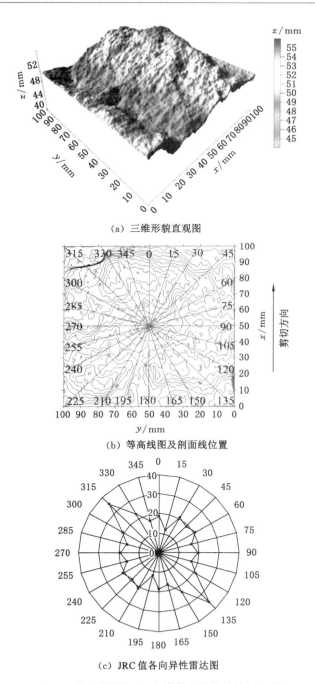

（a）三维形貌直观图

（b）等高线图及剖面线位置

（c）JRC 值各向异性雷达图

图 3-8　剪切断裂面 JRC 值各向异性统计过程图

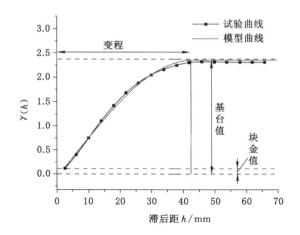

图 3-9 剪切断裂结构面变异函数统计值与球状模型拟合对比

由式(3-2)可以看出,当 $h=0$ 时,$\gamma(h)=0$;当 $h>a$ 时,$\gamma(h)=C_0+C$。因此,球状模型的拟合主要是对中间部分的拟合,将上式改写为:

$$\gamma(h) = C_0 + C[3h/(2a) - h^3/(2a^3)] = C_0 + h \cdot 3C/(2a) + (-h^3) \cdot C/(2a^3)$$

$$(3-3)$$

令 $y=\gamma(h)$,$b_0=C_0$,$b_1=3C/(2a)$,$b_2=C/(2a^3)$,$x_1=h$,$x_2=-h^3$,则上式可变为:

$$y = b_0 + b_1 x_1 + b_2 x_2 \tag{3-4}$$

这样便将球状模型变异函数的拟合问题转化为对式(3-4)多元线性回归的问题,求解得出 b_0、b_1、b_2。在求解 C_0、C、a 时,分 3 种情况讨论[73]:

(1) 当 $b_0 \geqslant 0$,$b_1 > 0$,$b_2 < 0$ 时,根据关系式 $b_0=C_0$,$b_1=3C/(2a)$,$b_2=C/(2a^3)$ 可直接解出 C_0、C、a。

(2) 当 $b_0 < 0$ 时,人为规定 $b_0=0$,于是式(3-4)变为 $y=b_1 x_1 + b_2 x_2$,用最小二乘法可拟合得 b_1、b_2。

(3) 当 $b_0 \geqslant 0$,$b_1 > 0$,$b_2 > 0$ 时,需要调整原始数据,对初值重新计算试验变异函数,再进行拟合,得到(1)的形式。

对于断裂面采集的较为密集的数据,默认块金值为零[74]。本书中采用的变异函数参数包括变程 a、基台值 C。

对于球状模型,其变异函数值应逐渐趋于稳定,不再增长。若未能达到此效果,说明断裂面数据存在漂移[75],这种效应掩盖了断裂面的真实结构,需要消除。本书假设漂移为平面漂移,首先采用平面公式(3-5)对原表面进行拟合,然后通过对原表面与拟合平面的差值进行变差分析。

$$Z_p(x,y) = ax + by + c \tag{3-5}$$

式中,x 和 y 表示垂直于 z 轴的两个坐标。

3.1.5.3　方向容差的选取

本书中首先采用地学软件 Surfer 对三维扫描系统获得的断裂面点云数据进行处理,利用 Kriging 插值法将点云数据重构成点距为 0.2 mm 的网格数据。前面提及,只以断裂面某一指定方向二维剖面线,计算得到相关参数,例如 JRC,存在片面性与局限性;若直接计算整个断裂面三维参数,如分形维数 D,则不具有方向代表性。所以,选取合适的计算范围尤为重要。

方向容差为试验变异函数指定角度窗口的大小。角度窗口的公式为:方向－容差＜角度＜方向＋容差。因此,整个角度窗口是容差的两倍(图 3-10)。

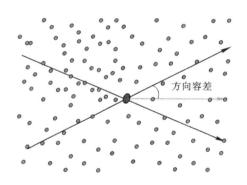

图 3-10　方向容差与计算范围示意图(o表示数据点)

图 3-11 为变异函数曲线及相关参数随容差变化曲线,可以发现,随容差的变化,其各项参数都发生变化,容差在 55°之后,变化较大。在尽量保证选取较多结构面信息,同时保证方向差异的条件下,本书中选择 45°作为容差选值。

3.1.5.4　结构面各向异性系数计算

岩石的各向异性可用最弱方向的物理力学参数与最强方向的参数比来表征,称各向异性系数(ξ)[76]。本书利用 Matlab 数值软件对断裂面变异函数获得参数进行椭圆拟合,并求得拟合椭圆短轴与长轴长度之比,得到各参数条件下剪断结构面变异函数各向异性系数 ξ 值。

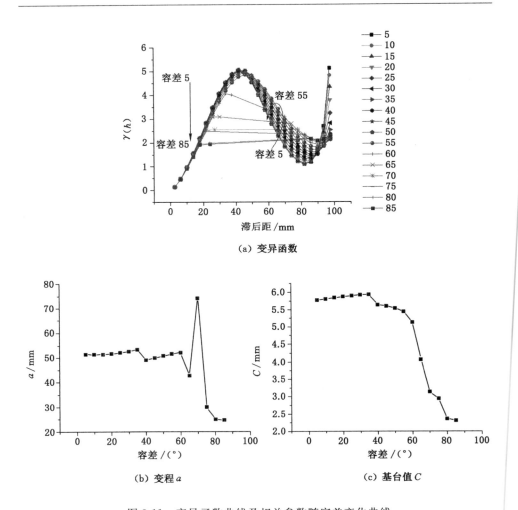

（a）变异函数

（b）变程 a

（c）基台值 C

图 3-11　变异函数曲线及相关参数随容差变化曲线

　　前文所述，对不同方向变异函数曲线进行拟合获得基台值 C 与变程值 a 的全向分布图，图 3-12（a）、（b）分别为基台值 C 与变程值 a 的方向变化曲线。而后对其方向分布曲线进行椭圆曲线拟合（图 3-13），可以获得拟合长轴（如方向最大基台值 C_{max}、方向最大变程值 a_{max}，下文中不再另行解释）与拟合短轴，其短轴与长轴之比即为参数各向异性系数，如基台值各向异性系数 ξ_C 与变程值各向异性系数 ξ_a。

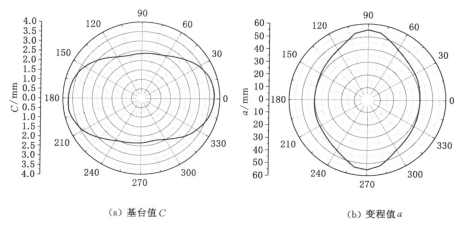

（a）基台值 C　　　　　　　　　（b）变程值 a

图 3-12　不同方向变异函数参数分布曲线

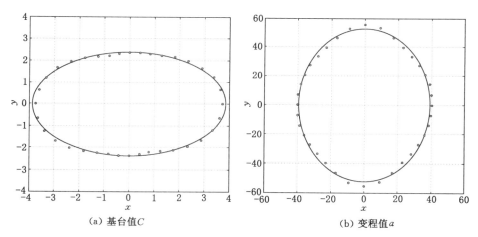

（a）基台值 C　　　　　　　　　（b）变程值 a

图 3-13　不同方向变异函数参数椭圆拟合曲线

3.2　不同含水状态条件下煤岩力学特性与裂隙扩展规律

3.2.1　力学行为与含水状态耦合作用机理分析

图 3-14（a）为相对含水率为 100％条件下，剪应力随剪应变变化曲线，其与干燥状态下的剪应力-剪应变变化趋势较为一致。含水状态下，在剪应力加载初期，呈现出类似于岩石全应力-应变曲线的孔裂隙压密阶段，曲线呈现上

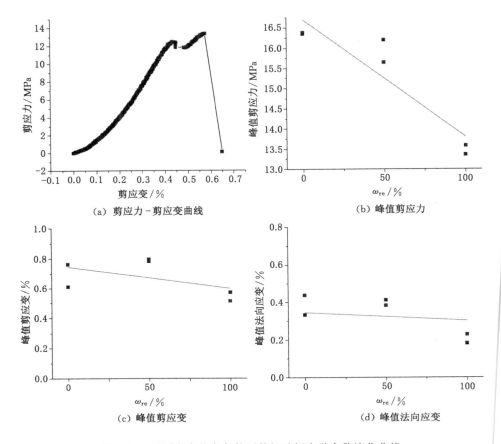

（a）剪应力－剪应变曲线　　　（b）峰值剪应力

（c）峰值剪应变　　　（d）峰值法向应变

图 3-14　不同含水状态条件下剪切破坏力学参数演化曲线

凹形，这是由于水对岩石有软化作用，岩石内部微结构面被水充满扩张，当剪应力加载时，水被部分挤出，微裂隙闭合压密。由图 3-14（b）可以看出，随相对含水率增加，砂岩试件的峰值剪应力呈降低趋势，其中，当相对含水率达到 50％时，砂岩试件部分吸水，剪应力降低的主导因素为水对岩石的软化作用，其剪应力降低百分比约为 6％；当相对含水率达到 100％时，即饱水状态条件下，峰值剪应力明显降低，剪应力降低百分比接近 20％，这是由于在饱水状态下，加载剪应力时，水在外荷载作用下由孔裂隙渗出速度较低，造成试件内部局部形成孔隙水压，促进了微裂隙的进一步萌生扩展，从而大大降低了峰值剪应力。由图 3-14（c）所示，峰值剪应变随相对含水率增加呈降低趋势，与峰值剪应力变化趋势一致，当相对含水率为 50％时，峰值剪应变变化不大，当相对含水率为 100％时，峰值剪应变减小明显，说明由于剪应力加载试件内部形成局部孔隙水压,促进微裂隙的进一步扩展,砂岩试件发生剪切破坏过程中的张拉裂纹占比增加,剪切裂纹占比减小,因而达到最终裂纹贯通需要的剪应变减小。然而,相对含水率为100%条件下的剪切破坏不仅降低了峰值剪应变,同时降低了峰值法向应变,这与干燥状态下峰值剪应变与峰值法向应变随法向应力变化趋势不一致。这是由于当相对含水率为100%时,在不需要进一步膨胀变形的情况下,张拉裂纹在局部孔隙水压与水对试件断裂韧度弱化的综合作用下即可进一步扩展,从而造成峰值法向应变的明显降低。在工程岩体中,要着重关注剪应变与法向应变的变化趋势。

3.2.2 剪切断裂结构面特征演化分析

由图 3-15 不同含水状态条件下剪切断裂结构面地貌晕染图与三维立体图中可以得到,剪切断裂结构面中的两个主要起伏不是呈现向中间靠近的趋势,而是呈现向两边靠近的趋势。当相对含水率为0%时,两个起伏峰值分别位于 $x=20\sim30$ cm 处与 $x=70\sim90$ cm 处;而当相对含水率为50%时,两个起伏峰值分别位于 $x=0\sim10$ cm 处与 $x=80\sim100$ cm 处;当相对含水率达到100%时,只呈现出一个起伏。这说明随相对含水率增加,试件内部单条张拉裂纹扩展长度增加,且试件剪切结构面的相对平整部分倾角均与加载的压剪应力方向有关。为便于对比,不同含水状态条件下的三维图的色度分布一致,由色度分布可知,随相对含水率增加,剪切断裂结构面所占色度区域变窄,说明结构面更为平整。该变化趋势与上述力学参数变化趋势吻合。当相对含水率为100%时,张拉裂纹在较小的膨胀变形条件下扩展长度增加,同时剪切压缩造成的预剪切破坏面附近孔隙水压增加,降低了剪切带附近的有效应力,砂岩试件在水的软化作用下,剪切裂纹更加容易萌生扩展,从而使剪切破坏结构面更加平整。基于以上分析,可以得到,当岩石含水率增高时,其强度降低,同时其剪切断裂结构面更为平整,发生二次灾害的可能性也更高。

3.2.3 剪切断裂结构面各向异性统计分析

图 3-16 为不同含水状态条件下剪切断裂结构面空间变异函数分布各向异性特征曲线。由图 3-16(a)可以看出,最大基台值 C_{max} 随相对含水率增加呈增大趋势,这是由于随相对含水率增加,剪切断裂结构面两起伏之间距离增大,平整面积增大,从而造成两起伏之间高差增大,最大基台值呈增大趋势。同时基台值各向异性系数 ξ_C 呈降低趋势,这与由剪切破坏形成的结构面有关,随相对含水率增大,结构面最大基台值沿剪切方向起伏较少,起伏度较低,而垂直于剪切方向,单条剖面线起伏度均较低,从而造成基台值各向异性系数

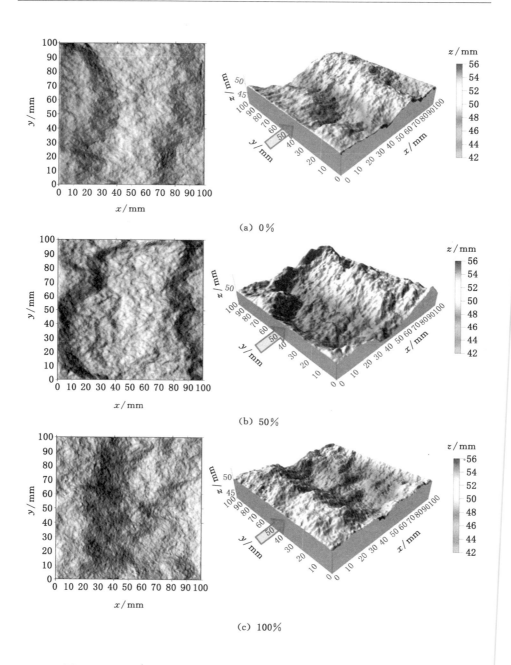

(a) 0%

(b) 50%

(c) 100%

图 3-15　不同含水状态条件下剪切断裂结构面地貌晕染图与三维立体图

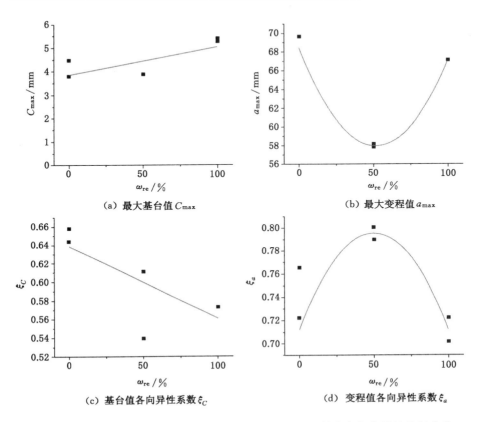

（a）最大基台值 $C_{\max}$　　　　　　（b）最大变程值 $a_{\max}$

（c）基台值各向异性系数 ξ_C　　　　（d）变程值各向异性系数 ξ_a

图 3-16　不同含水状态条件下剪切断裂结构面变异函数分布各向异性特征曲线

的降低。不同于基台值的变化趋势，最大变程值 $a_{\max}$ 呈先降低后升高的趋势，这与砂岩试件内部的含水状态有关。剪切断裂结构面最大变程值均沿结构面内垂直于剪切方向，由于垂直于剪切方向起伏较少（图 3-15），当相对含水率为 0％时，砂岩试件发生剪切破坏主要由压剪应力造成，试件内部应力场在任一 x 值处分布均匀，其裂纹扩展方式较为一致，发生剪切破坏后，呈规律的波浪状起伏；当相对含水率为 50％时，在压剪应力作用下，试件内部的水分向周边渗透，由于渗流通道限制，造成局部含水率过高甚至形成孔隙水压，而试件相对外部的水分可及时地被挤压渗透到试件表面，由此造成了试件内部引力场分布不均，剪切断裂结构面中心区域相对平整，四周略有变化，结构面内沿垂直于剪切方向的变程值降低，从而降低了最大变程值；当相对含水率增加至 100％时，试件呈饱水状态，在剪切荷载作用下，试件内部孔隙水压整体增加，降低了有效应力,其内部应力分布较为均匀,从而其最大变程值增大。对应于试件内部的应力分布与剪切断裂结构面形貌特征,变程值各向异性系数 ξ_a 随相对含水率增高呈先上升后下降的变化趋势,其机理解释与最大变程值变化趋势较为一致:当相对含水率为 50% 时,压剪应力加载过程中,内部应力分布不均,试件中心区域有效应力降低,结构面相对中心位置平整,呈近似椭圆形,其各个方向变程值相差较小,各向异性差异系数接近 0.8;当相对含水率为 0% 与 100% 时,压剪应力加载过程中,试件内部应力分布相对均匀,剪切断裂结构面参数方向性更明显,造成了各向异性系数的降低,各向异性特征更加明显。

基于剪切断裂结构面的空间变异函数统计分析,可有效推测出结构面的破坏状态和加载过程中的应力分布与裂纹扩展情况。

3.3 不同孔隙水压条件下煤岩力学特性与裂隙扩展规律

3.3.1 力学行为与孔隙水压耦合作用机理分析

图 3-17 为不同孔隙水压条件下剪切破坏力学参数演化曲线。图 3-17(a)为孔隙水压为 3 MPa 条件下,剪应力随剪应变变化曲线,其变化趋势与含水状态下较为一致,剪应力加载前期,剪应力-剪应变变化曲线呈上凹形,具有明显的孔裂隙压密阶段。由图 3-17(b)所示,峰值剪应力随孔隙水压增高呈降低趋势,这说明孔隙水压降低试件内部的有效应力,同时降低颗粒和胶结材料之间的摩擦系数[77]。值得注意的是,随孔隙水压增高,峰值剪应力的离散性增大。这是由于当压缩剪应力作用于岩样时,张拉裂纹萌生扩展,张拉裂纹由剪切裂纹连接,导致最终断裂。孔隙压力将水压入张拉裂隙中,改变了裂纹尖端的应力场,促进了张拉裂纹继续扩展,由于裂纹扩展的不确定性,拉伸裂纹的长度和开度以及孔隙压力的影响是不同的,造成了其离散性较大[78]。虽然峰值剪应力随孔隙水压增大具有明显的离散性,但峰值剪应变与峰值法向应变变化趋势较为集中,说明试件在剪切破坏过程中,试件内部整体的裂纹扩展方式一致。由图 3-17(c)、(d)所示,峰值剪应变随孔隙水压增加而降低,峰值法向应变随孔隙水压增加而增加,说明随孔隙水压增加,大大降低了试件内部的有效应力,同时也抵消了部分法向应力,试件在压剪应力作用下发生剪切破坏过程中,法向约束较少,张拉裂纹占比较大,剪切裂纹占比减小,导致了峰值剪应变的降低与峰值法向应变的升高。

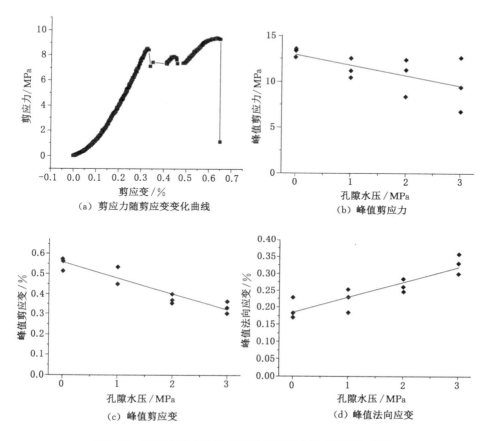

（a）剪应力随剪应变变化曲线

（b）峰值剪应力

（c）峰值剪应变

（d）峰值法向应变

图 3-17　不同孔隙水压条件下剪切破坏力学参数演化曲线

3.3.2　剪切断裂结构面特征演化分析

图 3-18 为不同孔隙水压作用下，砂岩试件剪切断裂结构面形貌图。在某一孔隙水压条件下，试件内部裂纹扩展方式较为一致。由不同孔隙水压条件下剪切断裂结构面渲染图可知，结构面的波浪状起伏程度随孔隙水压增加呈先增大后减小的趋势。这是由于当孔隙水压为 0 MPa，即含水率为 100% 条件下[图 3-18（a）]，由于水的润滑与软化作用，降低了断裂韧度，促进了裂纹的扩展，同时在法向应力作用下，张拉裂纹的扩展方向与预剪切断裂结构面之间夹角较小，从而使得剪切断裂结构面较为平整。而当孔隙水压增加至 1 MPa、2 MPa 和 3 MPa 时[图 3-18（b）～（d）]，由于试件外部增加的注水压力对法向

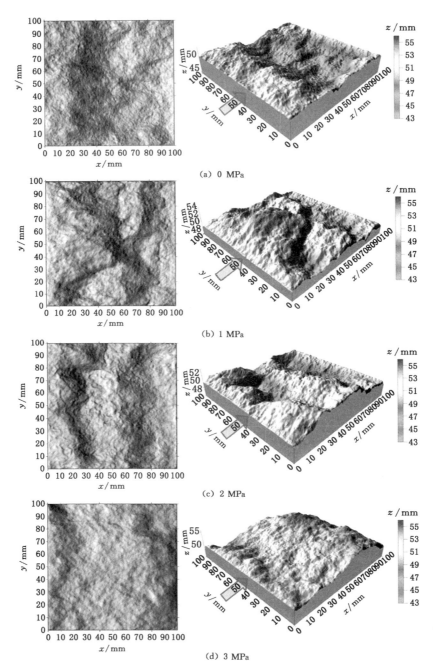

图 3-18　不同孔隙水压作用下砂岩试件剪切断裂结构面形貌图

应力的抵消作用,除了产生孔隙水压在试件内部减低有效应力这一力学劣化作用,外部水压也降低了直接作用于试件上端面的法向应力,直接降低了试件的外荷载。随孔隙水压增大,其剪切断裂结构面演化趋势与试件随法向应力减小条件下的变化趋势较为相似。孔隙水压越大,对法向应力抵消作用越大,对砂岩试件本身的力学性能劣化程度越大,促进了张拉裂纹的继续扩展,剪切断裂结构面由两个主要起伏转变为一个主要起伏[图 3-18(d)]。同时虽然孔隙水压对法向应力有抵消作用,但是试件在压剪应力作用下,张拉裂纹的扩展方向仍趋向剪应力加载方向,与预剪切断裂面的倾角呈减小趋势。

3.3.3　剪切断裂结构面各向异性统计分析

图 3-19 为不同孔隙水压条件下剪切断裂结构面空间变异函数分布各向异性特征曲线。由图 3-19(a)可以看到,随孔隙水压的增加,虽然沿剪切方向的起伏程度先增加后减小(图 3-18),但最大基台值呈降低趋势,说明随孔隙水压增加,虽然起伏度有所变化,但起伏度的高差变化呈减小趋势;而由图 3-19(c)可知,基台值各向异性系数 ξ_c 随孔隙水压呈先增大后减小的趋势,这点可由图 3-18 中看出,当孔隙水压为 0 MPa 和 3 MPa 时,试件断裂结构面较为平整,只有一个主要起伏体,沿剪切方向的起伏相对较大,而剪切面内垂直于剪切方向的起伏相对较小,从而使各向异性系数较低,而当孔隙水压为 1 MPa 和 2 MPa 时,有两个主要起伏度,且沿剪切方向起伏相对不均匀,导致剪切面内垂直于剪切方向也呈现出明显的起伏度,其基台值相对沿剪切方向差异较小,从而使基台值各向异性系数较大。由图 3-19(b)可以看出,随孔隙水压增大,最大变程值 a_{max} 呈先减小后增大的趋势,该变化趋势同样可由断裂结构面直接解释:当孔隙水压为 0 MPa 和 3 MPa 条件下,只有一个主要起伏体,其变程值较大;而当孔隙水压为 1 MPa 和 2 MPa 时,起伏体增长为两个,起伏体间变程值减小。同样,对于变程值各向异性系数 ξ_a,亦呈随孔隙水压增加先增加后降低趋势。当孔隙水压为 0 MPa 和 3 MPa 时,沿剪切法向呈现一个主要起伏体,结构面内垂直于剪切方向无明显主要起伏体,因此垂直于剪切方向的变程值较大,使得变程值各向异性系数较小;当孔隙水压为 1 MPa 和 2 MPa 时,由于起伏体的不规则性,沿剪切方向与垂直于剪切方向均有明显起伏变化,从而使得变程值相差不大,变程值各向异性系数升高。

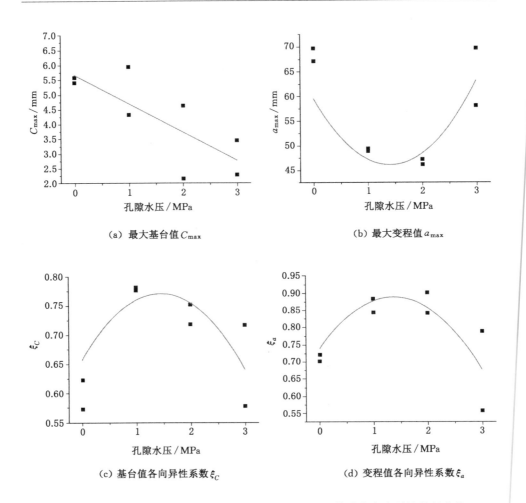

（a）最大基台值 C_{max} （b）最大变程值 a_{max}

（c）基台值各向异性系数 ξ_C （d）变程值各向异性系数 ξ_a

图 3-19   不同孔隙水压条件下剪切断裂结构面变异函数分布各向异性特征曲线

3.4   不同压剪应力下煤岩水压致裂力学特性及渗透性演化规律

3.4.1   力学行为与渗透性耦合作用机理分析

在对不同剪应力水平条件下变化曲线进行对比分析时，首先对剪应力水平为 0，即未施加剪切荷载条件下的水力压裂试验进行分析。如图 3-20（a）所示，其中水压的加载方式采用恒定流量注入控制(速率为 6 mL/s),可以看到,注水压力加载初期,有少量声发射(AE)事件产生,随注水压力的继续增高,法向应变有所升高,说明水压致裂过程中沿法向应力加载方向发生Ⅰ型裂纹时,试件上断面或下断面稍有倾斜,导致法向应变增大。同时,该阶段 AE 事件数有所增加,b 值维持在较高水平,说明该阶段还处于微裂纹萌生扩展阶段。注水压力继续增加,AE 事件率达到峰值,b 值有了较大的下降,说明此时较大的微破裂集中发生或贯通,紧接着水压陡降伴随流量的出现与陡升,法向应变也突然升高,水压致裂目的完成。在整体过程中,发现声发射信号峰值或破坏点在时间上早于真正的砂岩试件破坏点,这一现象可为灾害预警预报提供借鉴。

图 3-20 为不同剪应力水平条件下力学曲线与声发射参数变化曲线对比分析,由图可知,在施加剪应力时,均可产生 AE 事件,说明在施加剪应力过程中,砂岩试件内部已产生损伤;在试件压裂瞬间,试件的法向应变均出现突然升高现象,这有助于判断试件的致裂情况。当剪应力水平较低时[图 3-20(b)、(c)],注入水压的开始即造成了较低的 AE 事件率峰值,但此时累计 AE 事件数的变化速率上升,说明注水入渗,迅速改变了局部应力场,产生了损伤。随注水压力在较低压力值时,b 值维持在较高水平,说明低注水压力促进了微裂纹的萌生、扩展。当注水压力继续上升,伴随 AE 事件率峰值出现,b 值呈现较大幅度的下降,降低幅度均超过 1,累计 AE 事件数陡增,流量出现,试件发生贯穿致裂裂隙。当剪应力水平由 50% 达到 60% 时[图 3-20(d)],可以发现在水压注入初期便有流量产生,说明剪应力水平加载到 60% 时,已产生贯穿于试件注水孔和外壁之间的裂隙。随注水压力的继续增加,AE 事件率峰值出现,累计 AE 事件数陡增,b 值降低,说明注水压力促进了已有裂纹的继续扩展,并可能形成新的裂隙。不同于前面所述相对较低剪应力水平条件下,b 值产生较大幅度降低现象均发生在注水之后,即较大的裂纹贯通扩展均发生在注水之后,其中水压成为破坏失稳的主导因素。当剪应力水平达到较高水平,如 70% 或 80% 时[图 3-20(e)、(f)],前期施加较高剪应力过程中,已对试件产生了较大的累计损伤(见累计 AE 数变化曲线),且在未施加注水压力时,b 值已呈现相对整体降低趋势,也有峰值 AE 事件率出现,说明此时的剪应力状态已足够使微裂纹扩展贯通,产生较大裂隙。在注入水压过程中,累计 AE 事件数继续高速增加,b 值再次呈现上升趋势,说明在试件未发生最终失稳破坏之前,注入水压仍有助于试件内部微裂纹的萌生、扩展,直到水压持续升高达到最终破坏。

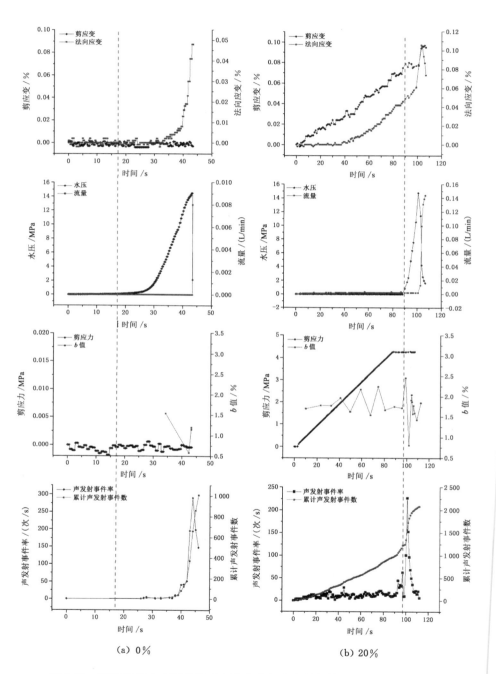

（a）0%　　　　　　　　　　　（b）20%

图 3-20　不同剪应力水平条件下力学曲线与声发射参数变化曲线对比分析

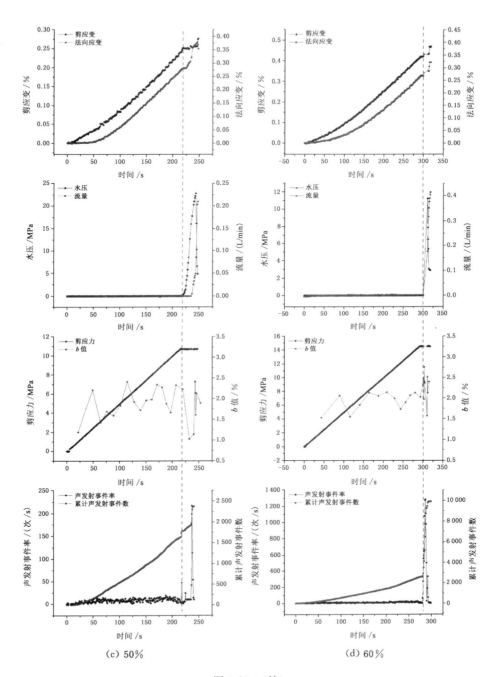

(c) 50%　　　　　　　　　　　　(d) 60%

图 3-20 （续）

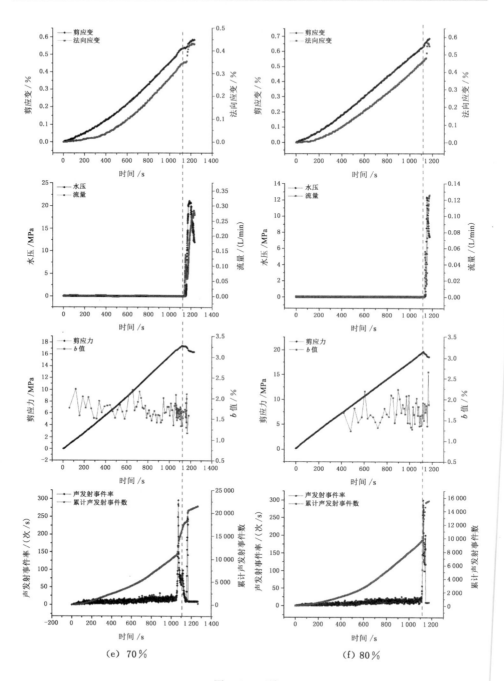

(e) 70%　　　　　　　　　　　　　　　(f) 80%

图 3-20 （续）

3.4.2　力学特征参数统计分析

3.4.2.1　统计参数定义

在对试验参数进行统计分析之前,首先对较为明显的特征参数进行定义(图 3-21),如下:

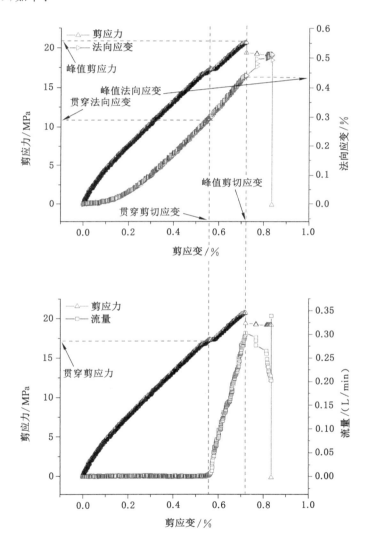

图 3-21　不同特征参数示意图

（1）**峰值剪应力**（peak shear stress）τ_p：剪应力达到峰值处的剪应力值。

（2）**峰值法向应变**（peak normal strain）ν_p：峰值剪应力处的法向应变。

（3）**峰值剪切应变**（peak shear strain）δ_p：峰值剪应力处的剪切应变。

（4）**峰值损伤**，即峰值累计 AE 事件数（peak cumulative AE count）D_p：峰值剪应力处的累计 AE 事件数。

（5）**贯穿剪应力**（penetration shear stress）τ_{pe}：首次出现流量（即产生由注入孔到试件外壁的贯穿裂纹）处的剪应力值。

（6）**贯穿法向应变**（penetration normal strain）ν_{pe}：贯穿剪应力处的法向应变。

（7）**贯穿剪切应变**（penetration shear strain）δ_{pe}：贯穿剪应力处的剪切应变。

（8）**贯穿损伤**，即贯穿累计 AE 事件数（penetration cumulative AE count）D_{pe}：贯穿剪应力处的累计 AE 事件数。

（9）**贯穿剪应力水平**（penetration shear stress level）：贯穿剪应力 τ_{pe}/峰值剪应力 τ_p。

（10）**贯穿法向应变水平**（penetration normal strain level）：贯穿法向应变 ν_{pe}/峰值法向应变 ν_p。

（11）**贯穿剪切应变水平**（penetration shear strain level）：贯穿剪切应变 δ_{pe}/峰值剪切应变 δ_p。

（12）**贯穿损伤水平**（penetration cumulative AE count level）：贯穿损伤 D_{pe}/峰值损伤 D_p。

3.4.2.2 剪应力加载阶段

在分析不同剪应力加载水平条件下水力压裂影响时，首先对剪应力加载阶段特征参数进行分析（图 3-22）。从图 3-22（a）可以直观地看出，不同的剪应力水平对应于不同的剪应力值，其呈线性变化，表明试验条件的控制精确性。由图 3-22（b）所示，随着剪应力水平的增加，增加相同的剪应力值，其需要的剪应变值呈增加趋势，说明在加载初期，砂岩试件内部并无较多微裂纹或微裂隙，直接进入弹性阶段，其剪切模量较大；随剪应力继续增大，其需要达到的剪应变也继续增大，但此时试件内部已逐渐产生裂纹扩展与裂纹贯通，在预剪切破坏面上，砂岩试件可被看成不连续岩体，且随剪应力越大，其不连续性越高，其剪切模量呈降低趋势，因此增加相等的剪应力，其需要达到的剪应变在不断增大。法向应变[图 3-22（c）]与剪应变随剪应力水平增大呈现相同的变化趋势，出现这一情况的原因在裂纹扩展方式上：在剪应力加载前期，由于岩石材料的泊松效应，随着剪应变增加，法向应变有所增加；随剪应力水平的继续增大，法向应变的主导因素在于裂纹扩展方式主要是张拉裂纹,在无其他因素影响条件下,张拉裂纹继续扩展需要持续的法向膨胀,裂隙开度需要不断增大。不同于以上力学参数的逐渐变化趋势,试件累计损伤随剪应力水平增加却呈现出转折性变化[图 3-22(d)]:在剪应力水平低于 60% 时,随剪应力水平增加,累计损伤呈现较低斜率线性增加;当剪应力水平高于 60% 时,随剪应力水平增加,累计损伤呈现较高斜率线性增加。这说明当剪应力水平较低时,随剪应力增加,砂岩试件内部裂纹扩展方式为张拉裂纹扩展,且随剪应力增加,张拉裂纹稳定萌生扩展,产生的损伤呈线性变化;当剪应力水平较高时,试件内部出现剪切裂纹,随剪应力增加,张拉裂纹与剪切裂纹都在萌生扩展,但剪切裂纹扩展产生的损伤高于张拉裂纹,整体损伤亦呈线性变化,这一点与许江等[79]的结论一致。

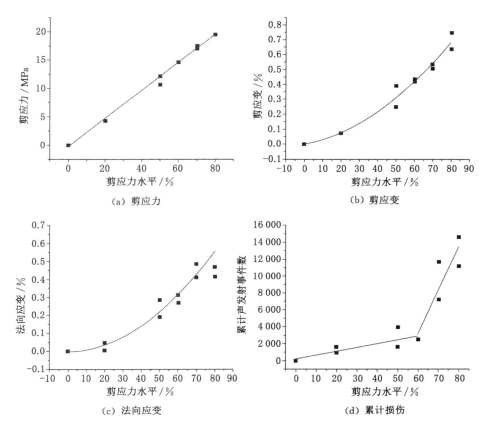

图 3-22 不同剪应力水平条件下剪应力加载过程特征参数变化趋势曲线

3.4.2.3　水力压裂阶段

图 3-23 为不同剪应力水平条件下水力压裂过程特征参数变化趋势曲线。由图 3-23(a)可以看到,不同应力加载状态获得的压裂峰值水压呈非线性变化。在剪应力水平低于 50% 时,致裂水压呈上升趋势,这是由于该阶段剪应力相对较低,尚无较大的裂纹贯通扩展,但随着剪应力的施加,试件内部的应力场发生变化,注水孔周围应力增大,致裂水压需要相应增大才能达到致裂效果。而当剪应力水平较高时,试件内部产生了较大的裂纹扩展或贯通,当水注入进去后,可直接渗入已有裂隙中,继续增加注水压力,促进了已有裂纹的继续扩展直至贯通达到致裂效果。随着剪应力水平的增高,试件的破坏模式也在逐步由压裂破坏向剪切破坏转变。峰值流量与峰值压力近似呈对应关系,作用机理也与峰值水压较为一致:在剪应力水平较低时,水压致裂形成张拉裂隙,试件被部分压裂,裂隙开度较小,流量较小;当剪应力水平增高后,水压致裂形成的张拉裂隙在剪应力作用下会发生错动,增大裂隙开度,同时在泊松效应下形成沿预定剪切面的张拉裂隙,增加了水流动通道,从而增大了流量;当剪应力水平达到 80% 时,预定剪切破坏面已产生较大贯穿裂隙,水由贯穿裂隙流出,在流量相对较大情况下,水压无法达到较高值,无法形成水压致裂裂纹,从而使得流量维持在较低值。由图 3-23(c)可以看出,注入水压过程中,其峰值 AE 事件率变化相对稳定,未随剪应力水平增高呈现明显的变化趋势,这与水压致裂的机理有关。在试件未发生最终剪切破坏情况下,水压致裂的裂纹扩展方式均为Ⅰ型裂纹,说明在水压致裂形成贯穿裂纹时,产生的损伤较为一致,这与注水孔位置有关。注水孔位于试件中心,由注水孔到达正方体试件的任意表面距离一致,发生贯穿所需能量一致。虽然水压致裂瞬间峰值 AE 事件率相对稳定,但是水力压裂段产生的累计损伤却随剪应力水平增高呈增大趋势[图 3-23(d)]。在剪应力水平为 0% 和 20% 时,由于剪应力的施加,注水孔的应力增加,致裂水压增大,克服周边应力产生损伤增大。当剪应力水平达到 50%～70% 时,可以看到,峰值损伤有较大的离散性,这取决于该阶段产生的张拉裂纹是否通过注水孔或距离注水孔较近:当未通过注水孔时,其作用机理与剪应力水平较低时一致,剪应力增加,致裂产生的损伤增大;当通过注水孔时,水压即对已有裂纹扩展产生促进作用,注水压力达到较高值时,也产生了新的水压致裂张拉裂纹。当剪应力水平达到 80% 时,试件内部裂纹扩展较多,且集中于预剪切破坏面,已有裂纹通过注水孔,致裂水压加载过程中促进了已有裂纹的继续扩展,同时在高剪应力作用与水的物理化学耦合作用下,剪应变增大,法向应变增大,试件内部微裂纹萌生扩展较多,整体损伤增大。

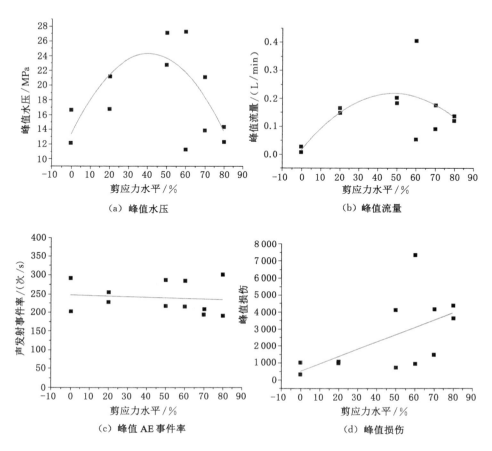

图 3-23　不同剪应力水平条件下水力压裂过程特征参数变化趋势曲线

3.4.2.4　不同阶段损伤对比分析

基于以上分析,首先对不同剪应力水平条件下致裂水压的情况进行分析 [图 3-24(a)],可以发现,施加较低剪应力即可造成峰值致裂水压的显著增大,剪应力水平达到 20% 时,致裂水压增加超过 30%,当剪应力水平达到 50% 时,致裂水压甚至超过无剪应力条件下的致裂水压的 50%,但随着剪应力水平继续增加,致裂水压开始降低,当剪应力水平达到 80% 时,致裂水压与无剪应力条件下致裂水压较为接近。因此,在水力压裂作业中,仅靠致裂压力还无法判断剪应力集中水平,同样的致裂压力条件可能对应于两种差距较大的剪应力集中状态,若能同时结合流量变化,可对目的层的大概剪应力集中水平进行预判。

在对剪应力加载阶段与水力压裂阶段分别进行分析后,此处对不同阶段损伤与全过程损伤进行对比分析[图 3-24(b)~(d)]。由图 3-24(b)可以看到,全过程损伤随剪应力水平增加,其变化趋势与剪应力加载阶段较为一致,大体可分为两个部分,以剪应力水平为 60％时作为转折点。相对于整体损伤在剪应力水平达到 60％后的加速增加,剪应力加载段损伤在全过程损伤中的占比随剪应力水平的增加其增长速度却相对较慢,说明剪应力水平越高,注入水压后,对砂岩试件的二次损伤也越大。相对应的,水力压裂阶段造成的损伤与全过程损伤之比随剪应力水平的增加而降低。

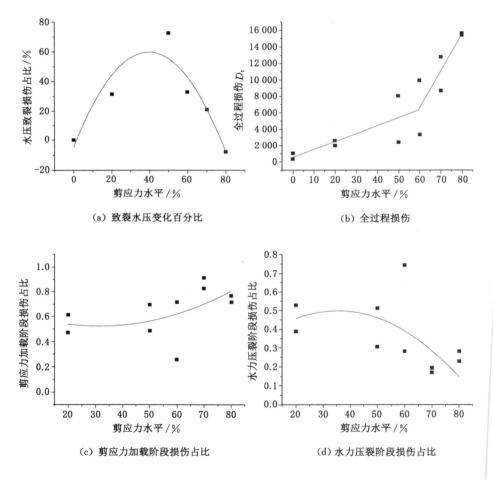

（a）致裂水压变化百分比

（b）全过程损伤

（c）剪应力加载阶段损伤占比

（d）水力压裂阶段损伤占比

图 3-24　不同阶段损伤对比分析

3.4.3　破断特征演化分析

通过对力学曲线与统计参数进行分析后,我们只能对可能的裂纹扩展方式进行合理推测,却无法得到印证。现场往往采用微震监测对致裂效果和裂纹扩展进行检测,并通过定位算法进行定位,但由于工程岩体地质条件复杂,裂隙交错,往往只能得到大致压裂区域,其精度和准度都无法与室内物理模拟试验相比。基于此,本小节对不同剪应力水平条件下压裂后试件破坏状态进行直观分析。由于本书中水力压裂试验采用较小恒定流量(6 mL/s)注入,当试件产生由注入孔到外壁的贯穿裂隙后,裂隙开度达到一定值,水压无法继续上升促使裂纹继续扩展,试验停止,视为压裂成功,但无法看到试件内部主要裂纹扩展情况,因此对此采用大流量(120 mL/s)二次压裂,促使试件沿已有裂隙继续扩展,将试件崩裂,并对其进行分析(图 3-25),其中⇨表示剪应力加载方向,▨表示剪切荷载作用区域。

图 3-25 为不同剪应力水平条件下宏观破坏特征分析。可以直观地看出,当剪应力水平较低时[如图 3-25(a)剪应力水平为 0%和图 3-25(b)剪应力水平为 20%],并未产生较大剪应力致裂纹扩展,试件的破坏方式主要为水压致裂破坏,压裂面较为平整。当剪应力水平达到 50%时[图 3-25(c)],可以看到既有沿注水孔方向破裂,也有沿压剪应力作用下弱面破裂,但从下半部看出,沿压剪应力作用破坏面不平整,由中间向两侧向下扩展破坏,这是由于该剪应力水平条件下,已经形成了对水压致裂起导向作用的压剪应力,导致微裂隙和沿注水孔方向的水力压裂裂隙,但水力压裂裂隙扩展相对较大,当二次压裂时,水沿已有水力压裂裂隙渗入,将试件上半部两侧压裂并对其施加了静水压力,促使上半部两块有压裂缝向两侧弯曲断裂,其与下半部弯曲断裂在剪应力致微裂隙的导向作用下发生劈裂,该条件下水压致裂产生的微裂隙为水渗入的主要通道。随剪应力水平继续增加至 60%时[图 3-25(d)],剪应力致微裂隙进一步扩展,水在压力作用下使其扩展贯通,由注水压力为主导因素的水压致裂裂隙扩展较小,当二次压裂时,水压只将上半部左侧崩落,说明该条件下,剪应力致微裂隙与水压致裂产生的微裂隙均为水渗入的主要通道。当剪应力水平达到 70%时[图 3-25(e)],可以看到,砂岩试件破坏形态主要沿剪应力致微裂隙分为上、下两部分,但由实物图可以看到,上半部还产生有明显的水压致裂裂隙,说明该应力状态下,剪应力致微裂隙成为水渗入的主要通道,注入水沿剪应力致微裂隙进入,并促进其进一步扩展直至最终破坏。随剪应力水平达到 80%[图 3-25(e)],试件的最终破坏形态已完全转变为沿剪应力致裂纹扩展破坏。

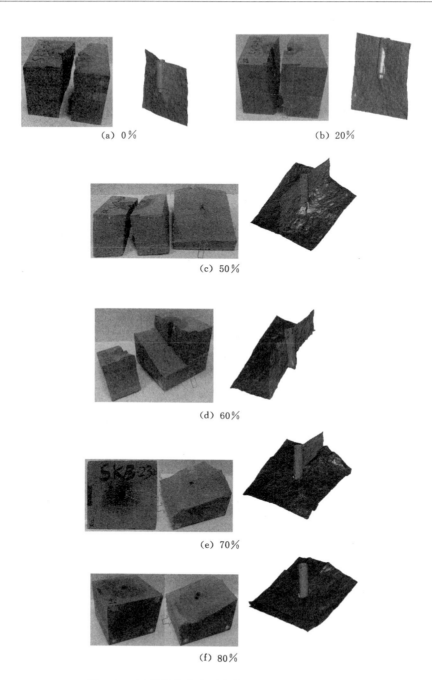

(a) 0%

(b) 20%

(c) 50%

(d) 60%

(e) 70%

(f) 80%

图 3-25　不同剪应力水平条件下宏观破坏特征分析

基于以上分析,随剪应力水平增加,砂岩试件的水力压裂过程失稳破坏模式有以下演化规律:水压致裂导致破坏(剪应力水平为 0% 和 20%)→水压致裂与压剪应力共同作用导致破坏,水压致裂占主导(剪应力水平为 50%)→水压致裂与压剪应力共同作用导致破坏,两者作用相当(剪应力水平为 60%)→水压致裂与压剪应力共同作用导致破坏,剪应力作用占主导(剪应力水平为 70%)→压剪应力作用导致破坏(剪应力水平为 80%)。通过该组试验,可对目的层的剪应力集中状态与压裂管的方向位置以及水压致裂缝网走向进行大致估计,为现场施工提供试验基础。

3.5 本章小结

本章针对水力作用下煤岩的剪切特性劣化影响以及剪切断裂后的结构面特征进行研究,考虑了整体含水状态、孔隙水压以及局部注水压力等多因素影响条件下的岩体剪切破坏过程,探讨了峰值剪应力、峰值剪应变、峰值法向应变等力学参数随主导因素变化的演化规律。试件发生剪切破坏后,对剪切断裂结构面的宏观特征进行描述,并进一步采用变异函数中的特征参数基台值与变程值对剪切断裂结构面进行深入量化表征分析。本章所得到的结论如下:

(1)含水状态下,在剪应力加载初期,呈现出类似于岩石全应力-应变曲线的孔裂隙压密阶段,曲线呈现上凹形。当相对含水率为 100% 时,在不需要进一步膨胀变形的情况下,张拉裂纹在局部孔隙水压与水对断裂韧度弱化的综合作用下即可进一步扩展,从而造成峰值法向应变的明显降低。同时,随相对含水率增加,砂岩试件的峰值剪应力呈降低趋势,峰值剪应变随相对含水率增加呈降低趋势。

(2)随相对含水率增加,剪切断裂结构面两起伏之间距离增大,平整面积增大,两起伏之间高差增大,最大基台值 C_{max} 呈增大趋势。随相对含水率增加,结构面最大基台值沿剪切方向起伏较少,起伏度较低,而垂直于剪切方向,单条剖面线起伏度均较低,基台值各向异性系数 ξ_c 呈降低趋势。随相对含水率增加,最大变程值 a_{max} 呈先降低后升高的趋势,变程值各向异性系数 ξ_a 呈先上升后下降的变化趋势。基于剪切断裂结构面的空间变异函数统计分析,可有效推测出结构面的破坏状态与加载过程中的应力分布与裂纹扩展情况。

(3)随孔隙水压增加,试件内部的有效应力降低,同时也抵消了部分法向应力,试件在压剪应力作用下发生剪切破坏过程中,法向约束较少,峰值剪应力随孔隙水压增高呈降低趋势,峰值剪应力的离散性增大。峰值剪应变随孔隙水压增加而降低,峰值法向应变随孔隙水压增加而增加。

（4）孔隙水压增加，对砂岩试件本身的力学性能劣化程度增大，促进了张拉裂纹的继续扩展，结构面的波浪状起伏程度随孔隙水压增加呈先增大后减小的趋势。随孔隙水压增大，最大基台值呈降低趋势，基台值各向异性系数 ξ_C 呈先增大后减小趋势，最大变程值 $a_{\max}$ 呈先减小后增大趋势，变程值各向异性系数 ξ_a 亦呈先增加后降低趋势。

（5）水力压裂试验中，注水压力加载初期，有少量 AE 事件产生，随注水压力的继续增高，法向应变有所升高，b 值维持在较高水平，注水压力继续增加，AE 事件率达到峰值，b 值有了较大的下降，紧接着水压陡降伴随流量的出现与陡升，法向应变也突然升高，水压致裂目的完成。在整体过程中，发现声发射信号峰值或破坏点在时间上早于真正的砂岩试件破坏点，这一现象可为灾害预警预报方面提供借鉴。

（6）当剪应力水平较低时，致裂水压随剪应力增加显著增大；随剪应力水平继续增加，致裂水压开始降低，当剪应力水平达到 80％时，致裂水压与无剪应力条件下致裂水压较为接近。因此，在水力压裂作业中，同样的致裂压力可能对应于两种差距较大的剪应力集中状态，需要参考注入流量等参数，对目的层的大概剪应力集中水平进行预判。

（7）随着剪应力水平的增高，试件的破坏模式也在逐步由压裂破坏向剪切破坏转变。砂岩试件的失稳破坏模式有以下演化规律：水压致裂导致破坏（剪应力水平为 0％和 20％）→水压致裂与压剪应力共同作用导致破坏，水压致裂占主导（剪应力水平为 50％）→水压致裂与压剪应力共同作用导致破坏，两者作用相当（剪应力水平为 60％）→水压致裂与压剪应力共同作用导致破坏，剪应力作用占主导（剪应力水平为 70％）→压剪应力作用导致破坏（剪应力水平为 80％）。

4 真三轴应力下煤岩水压致裂裂隙扩展演化规律

水压致裂已成为低渗煤岩增透的必要技术,水力裂缝的扩展形态和复杂性在一定程度上受煤岩的应力场与压裂参数共同影响。采用声发射技术可以有效监测裂缝产生、延伸和扩展情况。鉴于此,本章基于自主研发的真三轴流固耦合煤岩力学试验系统,结合声发射监测与三维扫描系统,开展了室内不同试验条件下的水压致裂试验,选取声发射计数和累计声发射数对水力压裂过程中裂缝起裂、贯通以及裂缝形态扩展规律、累计损伤规律进行研究,并对水压致裂面宏观形态进行分析,为水压致裂增透工程实践提供试验基础。

4.1 试验装置与试验方法

4.1.1 真三轴流固耦合煤岩力学试验系统

本书所用试验装置为重庆大学煤矿灾害动力学与控制国家重点实验室自主研制的"多功能真三轴流固耦合试验系统"[80],如图 4-1 所示。该试验装置由真三轴压力室、内密封渗流系统、框架式机架、加载系统、控制采集系统以及声发射监测系统等组成。装置可在竖直 Y 方向和水平 X 方向施加最大 6 000 kN 的荷载,在水平 Z 方向施加最大 4 000 kN 的荷载,同时可以通过伺服液压系统提供最大为 60 MPa 的流体压力。装置通过 MOOG 伺服增压阀可高精度实现多种加载控制模式(力、位移、力和位移)。试件变形由 6 个高精度的 MA-5 型回弹式位移传感器并配合采集卡监测得到。该装置可用于进行复杂应力场和渗流场条件下不同类型岩石的强度与渗流特性试验。

4.1.2 岩样的采集、加工与制备

4.1.2.1 砂岩

试验所用的砂岩试件取自三峡库区三叠系上统须家河组(T_3xj)砂岩,属陆

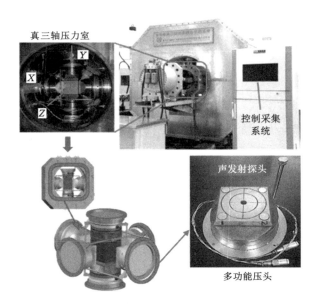

图 4-1　多功能真三轴流固耦合试验系统

源细粒碎屑沉积岩,主要成分为石英、长石、白云母、方解石和绿泥石等,颗粒直径在 0.1～0.5 mm,属于常见的低渗致密砂岩。

　　由于受岩石矿物组成、地质赋存等因素影响,试验结果常会具有较大的离散性,影响试验结果分析研究,因此在岩石加工过程中选用大块砂岩石板切割[图 4-2(a)],尽可能保证其风化程度、地质赋存状态相同。采用湿式加工法将砂岩加工成 100 mm×100 mm×100 mm 的正方体试件。加工后试件保持自然风干状态储存在实验室。在试验开始前用波速仪对试件进行波速测量,将波速大小较为接近的分成一组,以减小试验结果误差。图 4-2(b)为加工后的砂岩正方体试件。

（a）试件加工现场图　　　　　　　　　（b）砂岩试件

图 4-2　砂岩试件照片

4.1.2.2 相似材料

为减小试件的个体性差异,保证试件的一致性,本书按照配比水泥:砂:水=2:4:1制作相似材料试件,试件尺寸为 100 mm×100 mm×100 mm。制样时,将水泥、砂、水按照比例称好质量,将水泥、砂倒入容器内混合均匀后加水快速搅拌,搅拌后的物料装入模具中放在混凝土振动台上,使试件中存在的气泡和孔隙得以减少。待试件静置 2 d 后脱模养护,周期为 28 d(图 4-3)。

(a) 浇筑模型   (b) 相似材料成形试件

图 4-3 相似材料试件

4.1.3 试验方案与试验方法

为了研究不同地应力差异系数与不同注液速率下水力压裂过程中裂缝扩展、破裂面形态以及试件累计损伤的演化规律,对砂岩、相似材料分别开展了不同地应力差异系数与不同注液速率条件下岩石水力压裂试验研究,具体方案参见表 4-1。试验中同时采集了时间、水压和声发射等试验数据,并对压裂后断裂面进行三维扫描,获取剪断面的形貌信息。

表 4-1 试验方案表

试验类型	三轴压力/MPa			水平应力差异系数 K_h	注水速率 $Q/(\mathrm{mL/s})$
	σ_1	σ_2	σ_3		
水力压裂	5.5	5.0	4.5	0.22	6
	6.0	5.0	4.0	0.50	
	6.5	5.0	3.5	0.86	
	5.5	5.0	4.5	0.22	3
					12

水力压裂试验流程包括试验前准备、进行试验以及试验后处理 3 部分。前期准备包括试件切割、打磨、打孔；进行试验包括试件安装、声发射调试以及数据采集；试验后处理包括数据整合以及三维断面扫描处理。具体步骤如下。

（1）试验前准备：取出试件，进行打孔，总长 45 mm，外径 12 mm，内径 8 mm，预留 10 mm 裸眼孔，如图 4-4 所示。用声波测速仪对试件进行测速，将波速较为接近的分为一组进行标号。并采用耐油硅酮密封胶将压裂管与孔壁进行黏结，静置 2 d 后可以开始试验。试验前，用游标卡尺量测试件尺寸，长、宽、高分别测量 3 次取平均值，将所得信息及试验条件与试验时间记录在表。

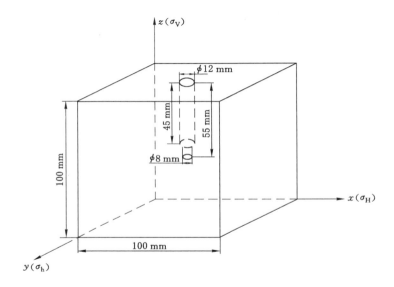

图 4-4　试件打孔及应力加载示意图

（2）试件安装：将试件放入三向应力加载室，预加应力固定试件与垫块的位置，防止声发射探头与试件紧贴时发生错动；以 4 个声发射探头为一组，两组 8 个探头用黄油紧贴试件表面，以便随时监测试验过程中因破裂产生的声发射信号。采用清水作为压裂液，并在其中注入红色墨水作为示踪剂。然后把压裂管接入压头中，加载试验设定三向压力值，以准备开始试验。

（3）装置调试：打开声发射控制面板，利用自激发检测探头是否正常，记录在表；打开真三轴操作系统，把水箱抽满水，设置注液速率，一切准备好后开始试验。

（4）试验：同时开启水泵与声发射测试仪，两个设备的数据同时采集，试验正式开始，当压裂液从设备中流出时，说明裂缝已扩展贯通至表面，等水压不再发生变化时,停止试验,保存数据,卸载应力,拆卸试件。

（5）试验后数据处理:观察表面裂纹所在位置,沿表面裂纹将试件剖开观察被染色部位,并对压裂面进行扫描。对试验过程中的水压曲线、声发射信号进行处理,对断裂面形态进行分析。

4.2 注液速率对水力压裂裂隙扩展的影响

4.2.1 水压曲线变化规律

图 4-5 为相似材料试件在不同注液速率作用下的时间-水压曲线。由图可知:在不同注液速率下试件的水压变化规律较为一致。在试验开始后,压裂液通过压裂管进入裸眼段,此时水压曲线较为平稳,约为 0 MPa,之后水压上升,呈上凹形逐渐达到峰值,之后曲线开始下降到零点并保持平稳。该过程分为 3 个阶段:① 岩体压密阶段 AB:在此阶段水压-时间曲线明显呈上凹形,相似材料内没有裂缝,注入压裂液速率小于滤失速率,故压力基本保持稳定。② 应力累积阶段 BC:压裂液滤失速率小于泵入速率,压裂液在裸眼段内聚积产生压力,水压开始迅速增大,曲线呈近似直线增长,随着压力的不断提升达到试件的破裂压力,初始裂缝产生。③ 压裂后阶段 CD:随后压裂液挤入产生的裂缝内,扩宽并延展裂缝逐渐使裂缝扩展完全,裂缝内压力卸载完全。可以看出随着注液速率的增大,水压上升速率变快,但峰值压力并没有出现规律性的增长趋势,分析其原因可能与破裂面、扩展路径有关。

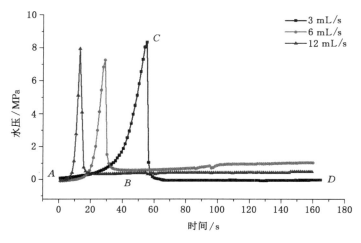

图 4-5　不同注液速率下水压曲线图

4.2.2 声发射参数变化规律

4.2.2.1 声发射计数

在水压致裂过程中,试件发生剪切破坏和张拉破坏均会产生大量声发射信号,根据声发射信号可以判断试件内部裂纹萌生、扩展的状态。声发射撞击数可以反映试件在水力压裂过程中是否出现损伤[81]。从图 4-6(a)、(c)、(e)不同注液速率条件下相似材料水压与声发射计数随时间变化曲线对比图可以看到,其变化趋势随时间增长较为一致,将声发射计数变化趋势分为 3 个阶段:① 初始阶段,注水压力随注入水量增加呈缓慢升高趋势,试件处于岩体压密阶段,声发射计数均较少,说明此时试件内部并无明显裂纹产生,注水压力未达到致裂压力。② 加速增长阶段,水压快速增大,声发射计数开始出现波动,此时证明有微裂纹开始产生;当水压达到峰值时,声发射计数也同时达到峰值,此时试件已经压裂。值得提出的是,当注液速率较低时,如 3 mL/s 与 6 mL/s 条件下,在注水压力增大至峰值过程中,声发射计数在峰值前出现了较小的峰值,说明在较低注液速率条件下,由于应力场的变化,试件内部先产生了剪切裂纹,这一点与 Preisig 等[82]的研究结果一致。③ 峰后活跃期:注水压力峰值后,声发射计数随之降低,呈现平稳趋势后又开始大幅度波动,这说明试件发生压裂后,水压致裂张拉裂纹迅速贯穿压裂孔与试件外部,试件内部产生明显结构面,在三轴应力作用下,结构面开始发生滑移错动,从而在压裂后还会继续产生声发射信号。同时,可以发现,随着注液速率的增大,注水压力峰值相对于声发射计数峰值呈滞后现象。

在恒定水平应力差异系数时,相似材料在 3 mL/s、6 mL/s 以及 12 mL/s 注液速率条件下的声发射计数随时间变化曲线如图 4-7 所示,可以看到,注液速率越大,试件内部水压致裂张拉裂纹萌生扩展过程越快,声发射计数峰值出现得越早,并且呈增大趋势。在注液速率为 12 mL/s 的条件下,压裂后声发射计数波动幅度明显小于注液速率为 3 mL/s 以及 6 mL/s,表明其压裂后试件内部微裂纹不再继续扩展和延伸,只有较少由于压裂液流动而产生的信号。

4.2.2.2 累计声发射数

累计声发射数的大小代表了材料在外力或内力作用下累计损伤的程度,图 4-6(b)、(d)、(f)为相似材料在不同注液速率条件下注水压力与累计声发射数随时间变化曲线,可以看到,在水压致裂过程中,累计声发射数随时间变化规律一致。试件内部的损伤演化同样可分为 3 个阶段:① 平静阶段,水压基本保持稳定,试件内部无明显微裂纹产生,仅由于注水孔附近应力场改变产生较少剪切裂纹,累计声发射数增长较少。② 加速增加阶段,注入水压迅速增加,导致试件内部微裂纹开始产生,损伤急剧累积;当水压达到峰值时,损伤快速增大。③ 增

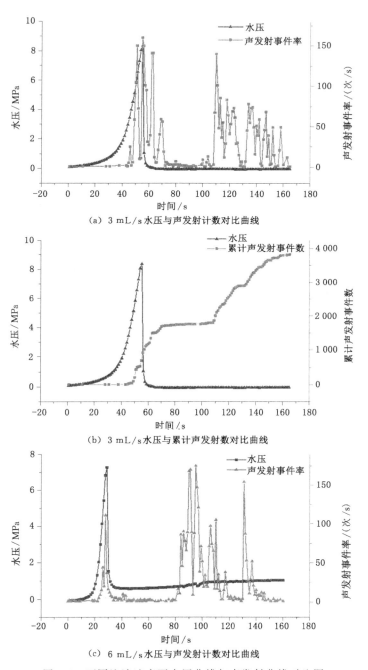

（a）3 mL/s水压与声发射计数对比曲线

（b）3 mL/s水压与累计声发射数对比曲线

（c）6 mL/s水压与声发射计数对比曲线

图 4-6　不同注液速率下水压曲线与声发射曲线对比图

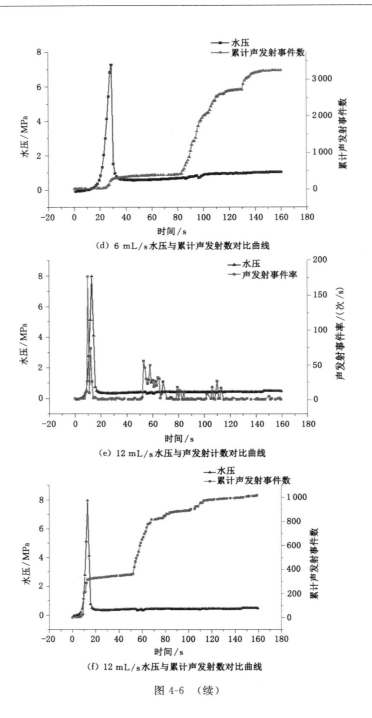

(d) 6 mL/s水压与累计声发射数对比曲线

(e) 12 mL/s水压与声发射计数对比曲线

(f) 12 mL/s水压与累计声发射数对比曲线

图 4-6 （续）

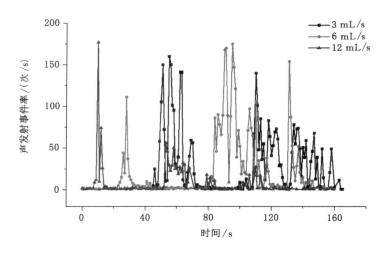

图 4-7 不同注液速率下声发射计数对比图

长平稳阶段,试件压裂后的应力重分布阶段继续产生损伤,趋于平稳的累计声发射数又开始重新增大,直至再次保持平稳。

图 4-8 为不同注液速率下相似材料累计声发射数随时间的变化对比曲线。由图可见,随着注液速率增大,累计声发射数呈减少趋势,表明试件产生损伤较小。在高注液速率条件下,其主要损伤为微裂纹萌生扩展以及水压致裂形成张拉裂纹产生的损伤,试件内部应力场未能及时随注水压力增加进行重分布,压裂后结构面滑动几乎未能产生损伤。

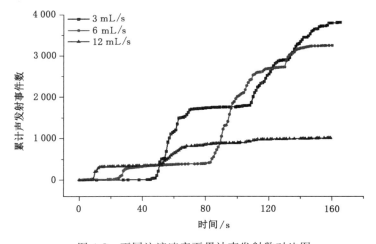

图 4-8 不同注液速率下累计声发射数对比图

4.2.3　水压致裂裂隙扩展形态变化规律

水力压裂试验结束后,沿试件表面裂纹将试件剖开(其中示踪剂着色区域为水力裂缝扩展区域),但并不能准确看到水压致裂面的形态和方位。利用非接触式三维扫描仪对水压致裂面进行扫描,并对致裂面数据进行三维重构(图 4-9),由于裂缝总是产生于强度最弱、抗力最小的地方,受 σ_2 影响较小,因此可以看到,水压致裂裂缝主要沿垂直于最小主应力方向延伸,但扩展路径有一定程度的偏转。在水力压裂过程中,裂缝并不是完全对称扩展,由于裂缝沿最大主应力方向扩展速度最快,故裂缝一侧沿 σ_1 方向先扩展至试件表面,此时试件内无法憋压故另一侧裂缝扩展终止。

(a) 3 mL/s　　　　　　(b) 6 mL/s　　　　　　(c) 12 mL/s

(d) 3 mL/s　　　　　　(e) 6 mL/s　　　　　　(f) 12 mL/s

(g) 3 mL/s　　　　　　(h) 6 mL/s　　　　　　(i) 12 mL/s

图 4-9　不同注液速率下试件压裂后破裂面形态

(a)～(c) 压裂后完整试件;(d)～(f) 压裂后破裂面形态;(g)～(i) 破裂面三维扫描图

当注液速率较低为 3 mL/s 时,裂缝起裂后与轴向呈一定角度且发生旋转,可以看到断面形态复杂[图 4-9(d)],有明显的起伏和分层;当注液速率为 6 mL/s 时,裂缝扭转程度减弱,起伏度减小,没有分层现象;当注液速率为 12 mL/s 时,破裂面起伏度最小,近乎平面。对比图 4-9(g)、(h)、(i)可知,注液速率越大,破裂面起伏度越低,扩展路径越平直,说明随注液速率增大,注水孔对裂缝扩展影响减小,裂缝扩展走向主要由应力场决定。

综上分析可得,注液速率的大小直接影响水力断面的扩展形态。在相同水平应力差异系数条件下,注液速率越小,破裂面形态越复杂,使得压裂形成的缝网更加复杂。

4.3　水平应力差异系数对水力压裂裂隙扩展的影响

4.3.1　水压曲线变化规律

图 4-10 为相似材料试件在不同水平应力差异系数下的水压-时间曲线,由图可知:在不同水平应力差异系数下试件的水压变化规律较为一致。在试验开始后,压裂液通过压裂管进入裸眼段,开始时水压曲线较为平稳,随着时间增加水压开始上升,呈上凹形逐渐达到峰值,之后曲线开始下降到一定程度并保持平稳。该过程分为 3 个阶段:① 岩体压密阶段 AB:在此阶段水压-时间曲线明显呈上凹形,相似材料内没有裂缝,注入压裂液速率小于滤失速率,故压力基本保持稳定。② 应力累积阶段 BC:压裂液滤失速率小于泵入速率,压裂液在裸眼段内聚积产生压力,压力不断上升,水压曲线呈近似直线增长,直至达到试件峰值压力,试件产生压裂。随着水平应力差异系数增大,水压峰值呈现逐渐增大趋势。③ 压裂后阶段 CD:随后压裂液挤入产生的裂缝内,扩宽并延展裂缝逐渐使裂缝扩展完全,此刻因为泵入的压裂液与滤失的压裂液体积平衡,水压不再下降,而是维持在某一个数值,此时认为裂缝已充分扩展。可以看出水平应力差异系数越大,试件峰值压力越大,压裂后憋压压力也越大。

4.3.2　声发射参数变化规律

4.3.2.1　声发射计数

在水力压裂过程中,试件发生剪切破坏和张拉破坏均会产生声发射信号,根据声发射信号可以判断试件内部裂纹萌生、扩展的状态。声发射撞击数可以反映试件在水力压裂过程中是否出现损伤。不同水平应力差异系数下注水压力与声

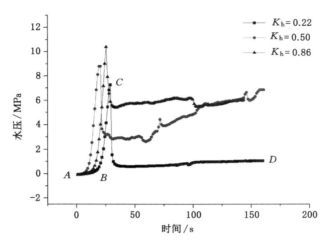

图 4-10　不同水平应力差异系数下水压对比图

发射计数随时间变化曲线对比图[图 4-11(a)、(c)、(e)]将声发射计数变化趋势分为 3 个阶段:① 初始阶段,注水压力随注入水量增加呈缓慢升高趋势,试件处于岩体压密阶段,声发射计数均较少,说明此时试件内部并无明显裂纹产生,注水压力未达到致裂压力。② 快速增长阶段,水压快速增大,声发射计数开始出现波动,此时证明有微裂纹开始产生;当水压达到峰值,声发射计数也同时达到峰值,此时试件压裂。③ 峰后活跃期:注水压力峰值后,声发射计数随之降低,呈现平稳趋势,在一段时间内重新开始活跃,甚至比试件压裂时产生了更多的声发射事件。同时可以发现,注水压力峰值相对于声发射计数峰值呈滞后现象。

　　通过对比不同水平应力差异系数条件下的声发射计数随时间变化曲线(图 4-12),可以看到,随水平应力差异系数的增大,声发射计数峰值呈增大趋势。在 $K_h=0.22$ 时压裂后声发射计数依旧表现得非常活跃,而 $K_h=0.50$、$K_h=0.86$ 时压裂后声发射计数基本没有大幅度变化,保持平稳。这说明 $K_h=0.22$ 时,在破裂后,由于试件内部产生明显复杂结构面,在三轴应力作用下,水压致裂面发生了滑移错动,从而在压裂后还会有大量声发射信号产生。

4.3.2.2　累计声发射数

　　累计声发射数的大小代表了材料在外力或内力作用下累计损伤的程度,图 4-11(b)、(d)、(f)为试件在不同水平应力差异系数条件下注水压力与累计声发射数随时间变化曲线,可以看到,在水压致裂过程中,累计声发射数随时间变化规律一致。试件内部的损伤演化同样可分为平静阶段、加速增加阶段以及增长平稳阶段。① 平静阶段,水压基本保持稳定,试件内部无明显微裂纹产生,仅由于注水孔附近应力场改变产生较少剪切裂纹,累计声发射数增长较少。② 加速

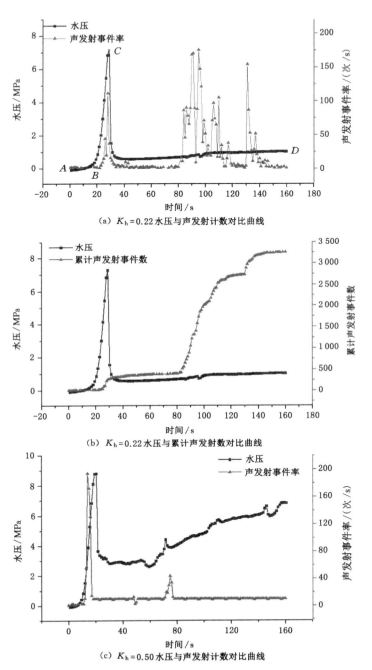

（a）$K_h=0.22$水压与声发射计数对比曲线

（b）$K_h=0.22$水压与累计声发射数对比曲线

（c）$K_h=0.50$水压与声发射计数对比曲线

图 4-11　不同水平应力差异系数下水压曲线与声发射曲线对比图

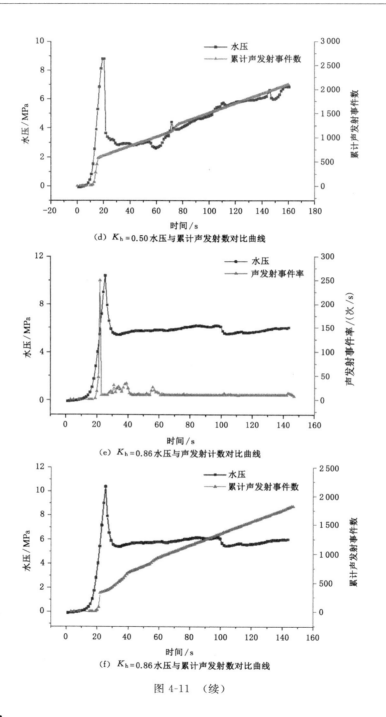

（d）$K_h = 0.50$ 水压与累计声发射数对比曲线

（e）$K_h = 0.86$ 水压与声发射计数对比曲线

（f）$K_h = 0.86$ 水压与累计声发射数对比曲线

图 4-11 （续）

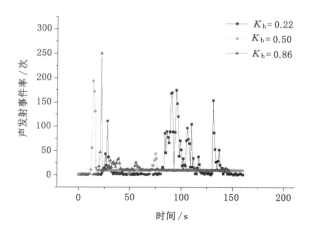

图 4-12　不同水平应力差异系数条件下声发射计数对比图

增加阶段,注入水压迅速增加,导致试件内部微裂纹开始产生,损伤急剧累积;当水压达到峰值时,累计声发射数快速增大。③ 增长平稳阶段,随着试件压裂后的应力重分布,损伤继续产生,原本趋于平稳的累计声发射数又开始重新增大,直至再次保持平稳。

图 4-13 为不同水平应力差异系数条件下累计声发射数随时间的变化对比曲线,可以看到,水平应力差异系数越小,累计声发射数越大,说明在水力压裂过程中其破裂面较为复杂,产生损伤较多。

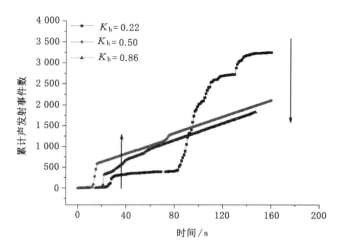

图 4-13　不同水平应力差异系数条件下累计声发射数对比图

4.3.3　水压致裂裂隙扩展形态变化规律

压裂后破裂面的形态如图 4-14 所示。由于水压致裂裂缝主要沿垂直于最小主应力方向延伸,因此试件的裂缝形态均为平行缝,但扩展路径存在一定偏转。存在该现象的原因是,在不同三向应力作用下压裂液的动力效应不同,压裂液不仅需要克服所施加的三向应力,维持裂缝的开启,还需要克服压裂液在裂缝中流动的阻力。剖开后破裂面并不是平直的,有不同程度的凹凸面产生,破裂面的表面特征对裂缝内压裂液的流动有较大影响,破裂面越粗糙,流动阻力也越大。在水力压裂过程中,裂缝并不是完全对称扩展的,由于裂缝沿最大主应力方向扩展速度最快,故裂缝一侧沿 σ_1 方向先扩展至试件表面,此时试件内无法憋压故另一侧裂缝扩展终止。

(a) $K_h = 0.22$　　(b) $K_h = 0.50$　　(c) $K_h = 0.86$

(d) $K_h = 0.22$　　(e) $K_h = 0.50$　　(f) $K_h = 0.86$

(g) $K_h = 0.22$　　(h) $K_h = 0.50$　　(i) $K_h = 0.86$

图 4-14　压裂后破裂面形态

(a)~(c) 压裂后完整试件;(d)~(f) 压裂后破裂面形态;(g)~(i) 破裂面三维扫描图

当水平应力差异系数为 0.22 时,裂缝起裂后先与最大主应力成较大角度延伸后再与其平行,被示踪剂染红的面积最大;当水平应力差异系数为 0.50 时,裂缝偏转程度减小,而在压裂管左右两侧的破裂面在压裂管下方并未完全贯通;当水平应力差异系数为 0.86 时,水力裂缝与最大主应力方向间夹角最小,产生的裂缝最平直。对比图 4-14(g)、(h)、(i)可知,水平应力差异系数越小,水力裂缝与最大主应力方向间夹角越大,产生的水力裂缝越曲折,破裂面面积越大。

综上分析可得,水平应力差异系数的大小直接影响水力裂缝的走向和破裂面面积。在相同注液速率条件下,水平应力差异系数越大,水力裂缝扩展越平直,破裂面面积越小。

4.4 岩性对水力压裂裂缝扩展的影响

4.4.1 砂岩

本节主要进行砂岩在恒定水平应力差异系数条件下不同注液速率时的水力压裂试验研究。选取恒定水平应力差异系数为 0.22,注液速率分别为 3 mL/s、6 mL/s、12 mL/s,分析该条件下试件的水压曲线、声发射计数、累计声发射数以及破裂面形貌特征,对比砂岩在不同注液速率条件下水力压裂试验中的异同点,结果如图 4-15 所示。在初始阶段,注水压力随注入水量增加呈缓慢升高趋势,声发射计数出现小幅度波动,说明此时试件内部并无明显裂纹产生,注水压力未达到致裂压力,仅由于注水孔附近应力场改变产生较少剪切裂纹,累计声发射数增长较少。随注水压力继续增加至峰值过程中,声发射计数迅速增大至峰值,而破裂压力呈现增大的趋势,且在 3 mL/s 的条件下大幅度延迟于峰值水压。压裂后阶段,在 3 mL/s 以及 6 mL/s 的注液速率条件下声发射计数呈现明显的波动,这说明试件发生压裂后,试件内部产生明显结构面,在三轴应力作用下,结构面发生较小滑移错动,从而在压裂后会继续产生声发射信号;而在 12 mL/s 的注液速率下,声发射计数并未有大幅度波动,累计声发射数也趋于平缓,说明该条件下水压致裂面较为平直,破裂面滑动时并未产生声发射信号。

从表 4-2 可以看到,注液速率越大,试件内部水压致裂张拉裂纹萌生扩展过程越快,破裂所需时间越短,声发射计数峰值呈增大趋势而累计声发射数呈降低趋势。综上所述,随着注液速率的增大,试件破裂所需能量较大而试件累计损伤较小,说明在高注液速率条件下,试件更难破裂,微裂纹的萌生扩展较少,破裂面更加简单。

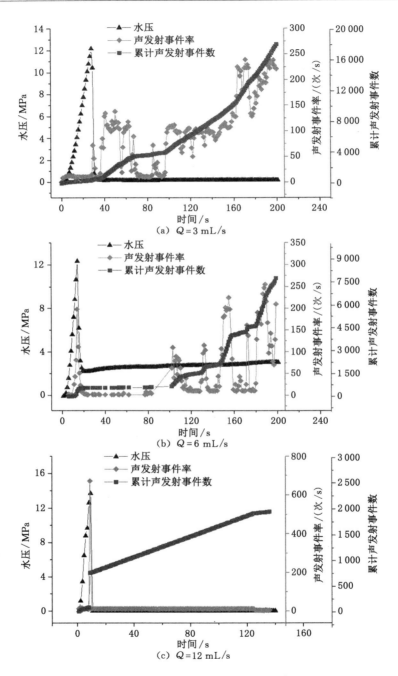

图 4-15　不同注液速率下砂岩水压曲线与声发射曲线对比图

表 4-2　不同注液速率条件下砂岩水压与声发射参数表

注液速率/(mL/s)	破裂时间/s	峰值水压/MPa	声发射计数峰值/(次/s)	累计声发射数
3	27.8	12.17	72	17 167
6	14.4	12.33	198	6 642
12	9.5	13.70	672	1 937

在不同注液速率影响下,砂岩的水压致裂面形态如图 4-16 所示,水力裂缝走向垂直于 σ_3 方向,沿着 σ_1 方向扩展延伸,可以看出砂岩整体裂缝走向相对平直,有小幅度的偏转。当注液速率较低为 3 mL/s 时,可以看到断面在压裂段下方发生弯曲偏转,并且破裂面起伏程度较大[图 4-16(d)];当注液速率为 6 mL/s 时,破裂面起伏度最小,破裂面呈近似垂直状态,从示踪剂可以看出,断面并没有完全贯通;当注液速率为 12 mL/s 时,可以看到裂缝走向平直,破裂面完全垂直贯通整个试件,起伏程度最小。对比图 4-16(g)、(h)、(i)可知,注液速率越大,扩展路径越平直,破裂面起伏程度越小,表明随注液速率增大,裂缝内压裂液的流动对破裂面的形貌特征影响越大,破裂面越平直。

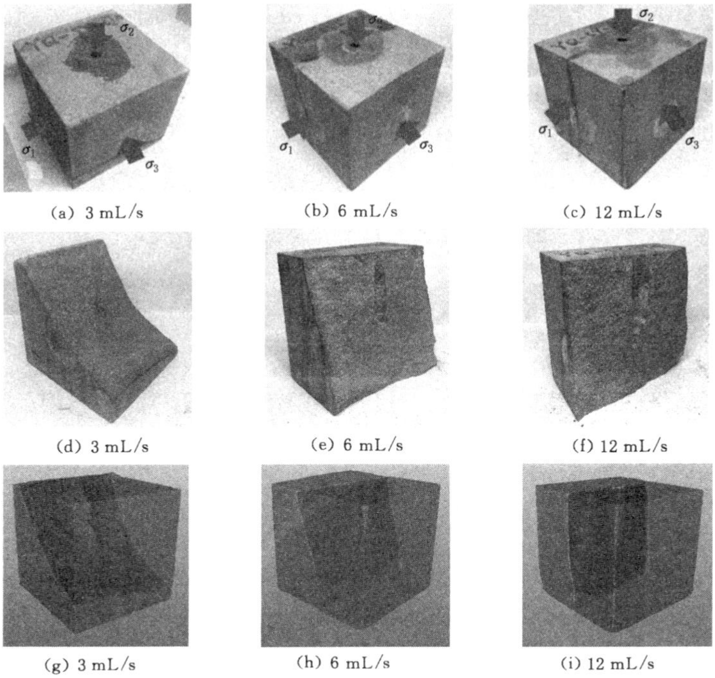

(a) 3 mL/s　　　　　　(b) 6 mL/s　　　　　　(c) 12 mL/s

(d) 3 mL/s　　　　　　(e) 6 mL/s　　　　　　(f) 12 mL/s

(g) 3 mL/s　　　　　　(h) 6 mL/s　　　　　　(i) 12 mL/s

图 4-16　砂岩压裂后破裂面形态

(a)~(c) 压裂后完整试件;(d)~(f) 压裂后破裂面形态;(g)~(i) 破裂面三维扫描图

综上分析可得,注液速率的大小直接影响水力断面的扩展形态。在相同水平应力差异系数条件下,注液速率越小,破裂面形态越复杂,使得压裂形成的缝网更加复杂。

4.4.2 水泥砂浆相似材料

图 4-17 为不同注液速率条件下相似材料水压曲线与声发射响应曲线对比,可以看到,曲线变化规律较为一致,分为 3 个阶段:① 初始阶段,注水压力随时间开始增长,声发射计数保持为 0,说明此时试件内部并无裂纹产生。② 注水压力继续增加直至达到破裂压力,声发射计数迅速增大至峰值,累计声发射数也迅速增加,试件压裂完成。值得提出的是,当注液速率较低时,如 3 mL/s 与 6 mL/s 条件下,在注水压力增大至峰值过程中,声发射计数在峰值前出现了较小的峰值,说明在较低注液速率条件下,由于应力场的变化,试件内部先产生了剪切裂纹。③ 破裂后阶段,声发射计数开始保持平稳,破裂的试件在三轴压力作用下应力重新分布,然后声发射计数又重新开始大幅度波动。随着注液速率的增加,声发射计数峰后波动趋势逐渐减小。

从表 4-3 可以看到,注液速率越大,试件内部水压致裂张拉裂纹萌生扩展过程越快,破裂所需时间越短,而破裂压力与声发射计数呈先减小再增大的趋势,累计声发射数呈降低趋势。试件累计损伤较小,说明在高注液速率条件下,微裂纹的萌生扩展较少,由于破裂面较为平直,在破裂后水压致裂面损伤较少。

表 4-3 不同注液速率条件下相似材料水压与声发射参数表

注液速率/(mL/s)	破裂时间/s	峰值水压/MPa	声发射计数峰值/(次/s)	累计声发射数
3	55.2	8.36	160	3 798
6	29.0	7.72	111	3 250
12	13.1	7.98	177	1 016

在不同注液速率影响下,相似材料的水压致裂面形态如图 4-18 所示。水力裂缝走向垂直于 σ_3 方向,沿着 σ_1 方向扩展延伸。裂缝形态并不是平直的,会有一定程度的偏转。当注液速率较低为 3 mL/s 时,裂缝起裂后与轴向呈一定角度且发生旋转,可以看到断面形态复杂[图 4-18(d)],有明显的起伏和分层;当注液速率为 6 mL/s 时,裂缝扭转程度减弱,起伏度减小,没有分层现象;当注液速率为 12 mL/s 时,破裂面起伏度最小,近乎平面。对比图 4-18(g)、(h)、(i) 可知,注液速率越大,破裂面起伏度越低,扩展路径越平直,表明在其他试验条件相同的情况下,水力裂缝形态主要受注液速率的影响。

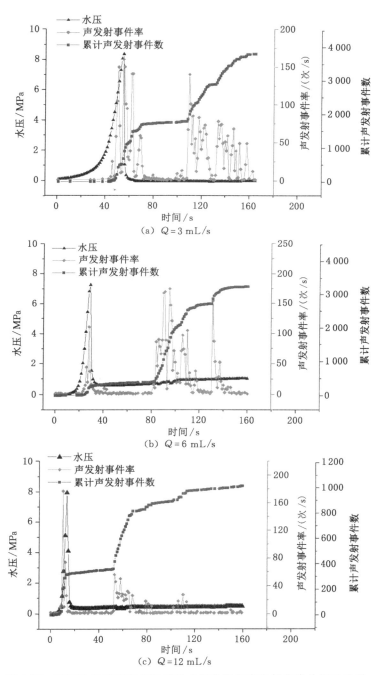

图 4-17　不同注液速率下相似材料水压曲线与声发射曲线分析对比图

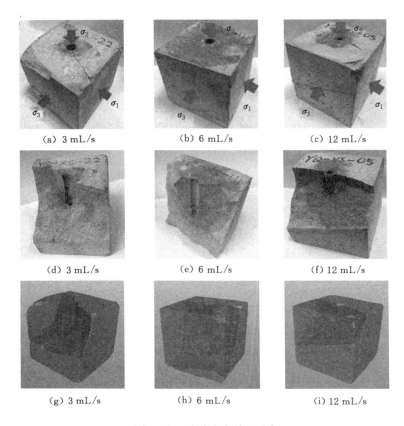

图 4-18　压裂后破裂面形态

(a)～(c) 压裂后完整试件；(d)～(f) 压裂后破裂面形态；(g)～(i) 破裂面三维扫描图

　　综上分析可得，注液速率的大小直接影响水力断面的扩展形态。在相同水平应力差异系数条件下，注液速率越小，破裂面形态越复杂；注液速率越大，破裂面越平直。

4.4.3　岩性影响

　　本节选取恒定水平应力差异系数为 0.22，恒定注液速率为 6 mL/s，分析在恒定水平应力差异系数、恒定注液速率条件下试件的水压曲线、声发射计数、累计声发射数以及破裂面形貌特征，对比不同岩样在水力压裂试验中的异同点。

　　图 4-19 为注液速率为 6 mL/s、水平应力差异系数为 0.22 条件下，砂岩和相似材料的水压-时间曲线。由图可知，岩石类水力压裂破坏过程大体可分为压密

阶段、应力累积阶段以及压裂后阶段。加载初期处于岩石压密阶段,水压曲线呈上凹形,注入压裂液速率小于滤失速率,水压基本保持平稳。在应力累积阶段,泵入速率大于滤失速率,压裂液在裸眼段内聚积产生压力,压力快速增长直到峰值,试件产生破裂,可以看到砂岩先压裂,其次是相似材料。这是由于砂岩较为致密,其压密阶段较快结束;相似材料由于具有多孔特性,其压密阶段经历时间较长,故较晚产生压裂。比较两种岩石的峰值压力可以发现,砂岩破裂压力较大,相似材料裂缝内压力卸载完全,而砂岩裂缝内需要一定压力维持裂缝的开启。

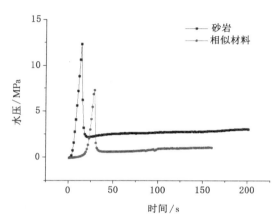

图 4-19 不同岩样的水压-时间曲线

在水压致裂过程中,试件发生剪切破坏和张拉破坏均会产生声发射信号,根据声发射信号可以判断试件内部裂纹萌生、扩展的状态。水平应力差异系数为0.22、注液速率为 6 mL/s 的试验条件下,砂岩和相似材料的声发射计数-时间曲线如图 4-20 所示。从图中可以看出,在初始阶段,注水压力随注入水量增加呈缓慢升高趋势,声发射计数产生较少,说明此时试件内部并无明显裂纹产生;而后声发射计数开始出现波动,此时证明有微裂纹开始产生,声发射计数开始迅速增大直至峰值,此时试件已经压裂。砂岩和相似材料在岩样破裂后,虽然声发射计数活跃程度均较高,但多是由于破裂面发生相对滑动而产生的声发射信号,声发射计数基本在峰值附近波动,没有产生新的裂缝。

累计声发射数的大小代表了材料在外力或内力作用下累计损伤的程度,图 4-21 所示为砂岩和相似材料在恒定水平应力差异系数和恒定注液速率条件下累计声发射数随时间变化曲线。可以看到,在水压致裂过程中,试验开始时,由于试件内部无裂纹产生,故累计声发射数增长较少。当试件内部微裂纹开始

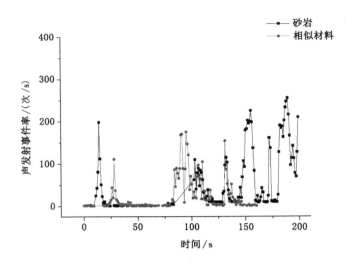

图 4-20　不同岩样的声发射计数-时间曲线

产生,累计声发射数突然增大。最先增加的是砂岩,其次是相似材料,这与水压曲线变化规律一致。在试件破裂后,砂岩和相似材料的累计声发射事件数都有小幅度的增加,说明破裂后由于应力场的重新分布导致产生损伤。

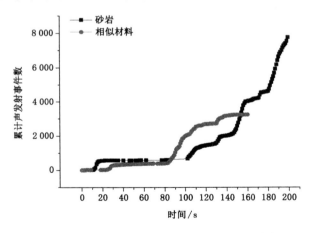

图 4-21　不同岩样的累计声发射数-时间曲线

对三向围压分别为 5.5 MPa、5.0 MPa、4.5 MPa,注液速率为 6 mL/s 条件下的相似材料、砂岩的破裂面进行对比分析,结果如图 4-22 所示,可以看到:砂岩产生的水力裂缝在水平方向和垂直方向几乎完全贯通整个试件,破裂面较为平整；而相似材料试件水力裂缝未能完全延伸至试件表面，水力裂缝虽有小幅度偏转，但并未形成缝网，破裂面积较小。

(a) 相似材料　　　　　　　　(b) 砂岩

图 4-22　不同岩样压裂后破裂面形态

4.5　本章小结

本章主要对砂岩和相似材料在水力压裂过程中的水压变化及声发射响应进行了分析，主要包括压力变化规律、声发射计数规律、累计声发射数规律及破裂面形貌特征等，并得到以下规律：

（1）在恒定水平应力差异系数条件下，开展不同注液速率条件下相似材料水力压裂试验，可知：水力压裂过程中，声发射行为演化过程可分为初始阶段、发展阶段、压裂后阶段。注液速率越小，声发射计数率峰值出现越晚，累计声发射数越大，试件损伤越大，水力压裂裂缝扩展路径越复杂；注液速率越大，水力压裂裂缝产生速度越快,声发射计数峰值出现越早,累计声发射数越低,试件损伤越小,水力压裂裂缝扩展路径越平直。

（2）在恒定注液速率条件下,开展不同水平应力差异系数条件下相似材料水力压裂试验,可知:水力压裂过程中,声发射行为演化过程可分为初始阶段、发展阶段、压裂后阶段。水平应力差异系数越小,声发射计数峰值越大,压裂后声发射计数表现越活跃,累计声发射数越大,说明在水力压裂过程中其破裂面较为复杂,产生损伤较多;水平应力差异系数越大,水压峰值越大,压裂后需要维持裂缝张开的压力也越大。

（3）对不同试验材料进行水力压裂试验分析后发现,砂岩的声发射计数峰值和累计声发射数相对相似材料均较大,这主要是因为砂岩压裂产生的裂缝在水平和垂直方向均贯通试件,破裂损伤较大,而相似材料裂缝未能延伸至表面,破裂损伤较小。

5 瓦斯吸附对煤岩力学性质和渗流 影响规律研究

　　煤炭地下开采及煤层气抽采等生产活动均处于真三轴应力环境下,即最大主应力 σ_1>中间主应力 σ_2>最小主应力 σ_3,而目前较多采用常规三轴试验对煤体变形破坏和渗流演化规律进行研究。再者,当煤体坚固性系数为 0.2~1 时,煤体硬度较低且内部构造复杂,不易制成试验所需煤样,缺少真三轴与常规三轴应力条件下的煤体变形和渗透特征差异性的研究。因此,本章系统开展真三轴应力条件下的煤体渗透率变化情况研究,采用物理试验、理论建模以及两者相互验证的方法,研究了真三轴应力条件下瓦斯吸附作用、瓦斯压力和中间主应力对煤体的变形破坏和渗透率演化规律的影响,对于揭示煤炭开采应力突变致灾机理和优化煤层气高效合理抽采等奠定了坚实的试验基础,具有一定的理论意义。

5.1　试验装置与试验方法

5.1.1　真三轴流固耦合煤体渗流试验系统

　　试验装备采用山东科技大学矿山灾害预防控制重点实验室自主研发的"两刚一柔"式真三轴流固耦合煤体渗流试验系统。该系统对气体渗流介质具有更好的密封性,其特性决定了它可以进行复杂应力条件下多种渗流介质的渗流试验,如单轴、常规三轴以及真三轴应力条件下的加卸载路径的煤体力学和渗透特性测试试验。该系统由真三轴压力室、液压伺服系统、气体渗流系统、监测与控制系统 4 大部分组成[83],如图 5-1 所示。真三轴压力室是煤体进行吸附和渗流试验的场所,其内部可安装长方体煤样试件。液压伺服系统是三向应力的动力来源,由 4 套伺服泵组成,其中最大主应力和中间主应力采用刚性加载,形成刚性约束力,主要由强度较大的刚性压头与压块组成,最小主应力采用柔性加载,即注入一定体积的液压油,使之产生柔性约束力。该系统在三方向上的应力都是单独控制的,可以很好地实现对煤样的独立加载,它们之间是互不干扰的。气体渗流系统是进行煤体渗流试验的关键系统,其具有高度的密封性,可实现对煤样的整体密封。流体入口的压力由减压阀控制,根据渗流压力的不同选择不同的减压阀,同样渗流介质不相同时,也选择相对应的减压阀。其流体出口也是通过控制阀门与大气直接相连的。数据监测与控制系统主要运用 DHDAS 软件,整套设备配有多种高精度的位移和流量传感器,煤样一旦发生形变和渗透率变化,其监测数据都可精确、快速地传输到电脑端,实现了对数据采集的实时性[84]。

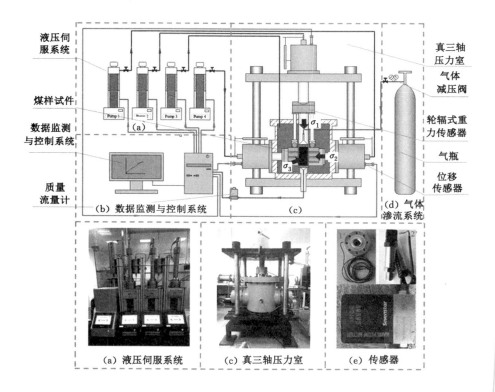

图 5-1　试验系统原理图

5.1.2　型煤试件制备

　　试验煤样取自重庆松藻煤电有限责任公司渝阳煤矿 8# 无烟煤煤层的 N2808 工作面。煤体破坏类型为Ⅲ～Ⅴ类,总体平均厚度 2.35 m。瓦斯含量为 15.08～29.4 m³/t,瓦斯压力较大,为 2.24～4.87 MPa,渗透系数为 0.013 m²/(MPa² · d)。

该矿从建井至今,已多次发生煤与瓦斯突出事故,据记录,其最大突出强度接近700 t,平均突出强度也在 150 t 左右。8#煤层煤体参数如表 5-1 所示。

表 5-1　煤体工业性分析

参数	挥发物含量/%	灰分含量/%	含水率/%	真密度/(g/cm³)
范围	9.87～10.97	11.53～19.13	0.56～2.55	1.50～1.53
参数	表观密度/(g/cm³)	坚固性系数	单轴峰值强度/MPa	煤体破坏类型
范围	1.34～1.38	0.21～0.38	<1	Ⅲ～Ⅴ类

将较大整块的原煤利用破碎机进行粉碎,然后借助不同目数的筛子筛选出 20～40 目、40～80 目的煤粉颗粒(每块试件大约需要两种目数的煤粉各 1.25 kg),将两种粒径的煤粉搅拌均匀,然后利用天平和量筒称量 0.18 kg 的水(水是自来水,不考虑水分组分的影响),将水导入煤粉内搅拌均匀,装入由课题组特别定制的专用型煤成型模具中,将其放置在最大可施加 200 MPa 压力的压力机上以 100 MPa 成型压力保压 12 h,最终制成 100 mm×100 mm×200 mm 的型煤试件。本书在型煤制作过程中,没有添加活性炭、煤油等辅助材料,仅仅是添加水来起到黏结煤粉颗粒的作用,但试件成型后,内部还会残存一部分水分,形成煤样的初始含水率,其很有可能会对煤体的变形破坏、渗透率变化规律产生影响,故将制作好的煤样放置于干燥箱中,以 80 ℃恒定温度进行 24 h 干燥,然后用天平称重,待质量稳定后进行其他处理,如为防止加卸载试验过程中煤样破坏后煤粉颗粒污染压力室内的提供最小主应力的液压油,以及渗流试验过程中渗流介质与柔性液压油相互渗透,将煤样与最大主应力的上、下端压头用热缩管包裹起来,然后用热吹风机将热缩管烤热,并与型煤试件紧缩在一起。为了使热缩管与煤样的煤壁紧密贴合,在煤样 4 个侧面和上、下两个端头涂一层约 1 mm 厚的 704 硅橡胶,在上端头留出渗流通道。各形态煤样如图 5-2 所示。

5.1.3　试验方案

为探讨真三轴应力环境中瓦斯吸附作用对煤样的变形破坏和渗透率演化过程的影响,选取了 8 组型煤试件,还营造了中间主应力与最小主应力相等的常规三轴应力环境和两种应力不相等的真三轴应力环境,并设计了路径Ⅰ、路径Ⅱ、路径Ⅲ、路径Ⅳ等 4 种应力加载路径,如图 5-3 所示。并且为了定量分析瓦斯吸附作用,选取了吸附性较强而且是煤层气主要成分的甲烷和吸附性较弱的惰性气体氦气作为渗流介质。

（a）成型煤样　　　　　　（b）涂胶煤样　　　　　　（c）套管煤样

图 5-2　煤样实物图

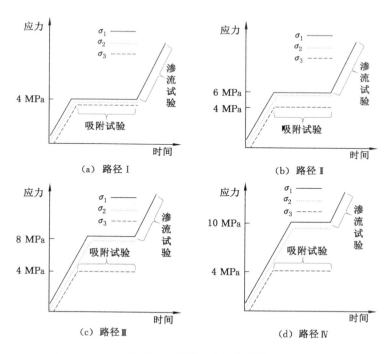

图 5-3　不同应力加载路径

图 5-3 中不同试验应力路径主要利用液压伺服系统控制实现,即通过伺服系统页面参数设置,控制真三轴中的三向应力逐步施加至预定水平。当初始应力符合吸附试验的应力要求并稳定后,开始瓦斯吸附试验,即从最大主应力方向充入一定压力的渗流气体,观察煤样的变形情况。当瓦斯吸附试验(大约 10 h)完成后,再开始煤样的渗流试验,即继续施加最大主应力进行煤样加载破坏试验。

本次的具体试验步骤为:在准备开始煤样吸附渗流试验前,需要对试验系统进行气密性监测,主要是观察气体流量累积仪示数和流量曲线波动情况,当两者持续稳定后,说明其气密性良好,便可进行试验。首先在液压伺服系统操作界面选择力的控制模式,按 0.01 MPa/s 的加载速度逐步施加三方向上的应力至预定静水压力,然后通入试验所需的气体渗流介质,待气体完全吸附平衡后,观察煤体吸附变形情况;待吸附试验完成后,再进行真三轴压缩渗流试验,即施加最大主应力至试件破坏。煤样受到持续加载应力的作用直到破坏后,借助于伺服系统将最大主应力的控制方式转变为位移控制方式,以 0.1 mm/min 的速度继续试验,满足煤样全应力应变过程的测试要求。本次吸附渗流试验共将煤样编号为 1# ~8#,其中 1# ~4# 煤样以氦气作为渗流介质,是对照组,而 5# ~8# 煤样则以吸附性较强的甲烷作为吸附渗流介质,本次试验主要测试两种气体通入后的煤样变形破坏和渗透率情况,按煤样编号从小到大开展 Ⅰ ~Ⅳ 路径下的展开试验。

5.2 瓦斯吸附作用对煤体力学性质影响的定量分析

煤样在上述 4 种路径下的吸附试验主要记录 3 个应力方向上的位移变化,如图 5-4 所示。本节为了清晰展现试验规律,规定煤样如果发生压缩变形,则将其数值看作是正值,如果煤样产生膨胀变形,便规定是负值。考虑到加载过程中热缩管和硅橡胶的受压变形,以及在长时间的持续荷载作用下可能会发生蠕变位移[85],采用几乎没有吸附性的氦气进行相同应力路径、相同吸附时间的对照试验[47],以排除煤样、热缩管和硅橡胶在长时间荷载作用下而产生位移的影响。图 5-4 中 Δl_1 为甲烷吸附变形与氦气在相同方向上变形的差值,即定量分析的依据就是保持两种试验除了吸附性存在差异之外,其他条件都是相同的,也就是根据吸附性气体与非吸附性气体之间的变量差值,排除气体在孔隙中除吸附作用的影响,其他位移差 Δl 是相同含义。

从图 5-4 观察出,煤样在最大主应力和最小主应力方向上都产生了位移,而且两者的数值是不断变化的,即随着吸附试验的持续进行,两方向的位移是不断

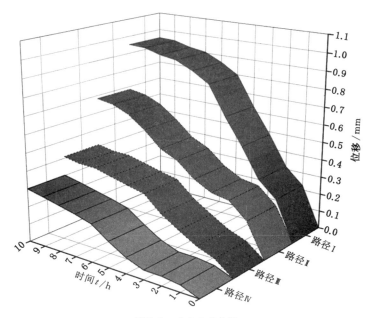

(a) 煤体在 σ_1 方向上的位移 Δl_1

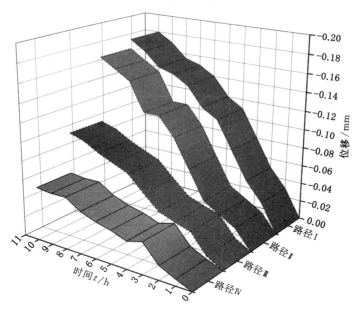

(b) 煤体在 σ_3 方向上的位移 Δl_3

图 5-4　煤样受瓦斯吸附作用而产生的位移

增加的。但是两方向的吸附位移与煤样所处的应力环境有关,整体上可以分为两阶段:在吸附试验的前 6 h,是煤样产生吸附位移的快速阶段,其数值增长速率较大;而在吸附试验的后 4 h,煤样的吸附位移增长缓慢,尤其是在中间主应力最大的路径中,整个吸附试验过程其增长速率都比较低。最小主应力方向的吸附位移数值相对于最大主应力方向的较小,其增长速率也比较缓慢。中间主应力方向上的吸附位移在 4 种应力路径下几乎都产生变形,与其他两个方向产生的吸附位移形成了鲜明对比,但从整体上分析,煤样吸附试验过程中,吸附位移是不断增大的。

上述现象表明:

(1)在不同的应力路径下,瓦斯吸附作用可以促使煤样产生吸附位移,在最大主应力方向和最小主应力方向上分别产生压缩变形、膨胀变形;但当中间主应力增大时,围压的作用效果便体现得更明显,即对煤样的吸附位移起到阻碍的作用,也就是煤样所受到的中间主应力越大,瓦斯的吸附作用所产生的位移越小。

(2)中间主应力和最小主应力组成常规三轴中的围压,此时围压的性质发生变化,由之前的刚性围压转变为现在的刚性与柔性压力相结合的围压,所以较之前的围压对煤样吸附位移的影响也是不同的:柔性围压(最小主应力方向)利于煤体产生吸附位移,而刚性围压(中间主应力方向)限制吸附位移的产生。

结合本试验的结果分析可知,在煤样所处的应力环境不发生改变的条件下,很大部分瓦斯将吸附在煤样的孔裂隙中,随着瓦斯吸附量的逐渐增加,甚至趋于吸附饱和,也就是将这些孔裂隙填充满后,在煤样内的孔裂隙尖端将产生破坏作用力,促使新的孔隙产生,所以瓦斯气体将继续扩充到新裂隙。也就是在此过程中瓦斯吸附作用改变了煤样未吸附前的微观稳固孔隙结构,从宏观层面上表现为 3 个应力方向的位移发生了变化[48]。

进一步分析由刚性压力和柔性压力组成的围压可知,在两个应力方向上产生的位移也不同。中间主应力方向上的围压采用刚性压头来施加压力,最小主应力方向的围压则由液压油提供压力,煤样在这种刚-柔压力耦合的围压环境中,其产生的变形趋于柔性一侧,其原因是:煤样是由煤粉在特定压力下压制而成的,压制过程中通过压力和水的共同作用促使煤粉颗粒结合成形。然而由于煤粉粒径不同,在压制过程中会形成孔隙和裂隙,而这些孔隙和裂隙会将煤样在微观层面分成大小不一的小团体,类似于肿块的形式。而瓦斯吸附的作用相对于外部荷载十分微小。瓦斯吸附一旦在刚性围压一侧产生位移变化,便会被刚性压块阻挠,这时吸附产生的位移便会寻找较为容易运动的方向,也就是液压油提供的围压一侧进行位移释放。这是因为液压油是以液体的形式提供压力,能吸收煤样产生的微观"局部应力集中"。

从本节吸附试验可以发现,煤层中若富含瓦斯,则很容易产生吸附变形,与外荷载相比,其数值较小,本次试验的煤样吸附位移不到 1 mm,但瓦斯吸附作用引起的煤样变形是需要深入探讨的。

5.3 瓦斯吸附作用下中间主应力对煤体力学性质和渗流规律的影响

图 5-5～图 5-8 给出了 4 种应力路径下煤样的应力-应变曲线和渗透率变化曲线,可以看出,在煤样的渗透率测试试验中,煤样呈现出的应力-应变曲线是呈阶段性变化的:初始压密阶段、弹性变形阶段、塑性变形阶段、失稳破坏阶段,与文献[86-87]中煤体所表现出的变形规律有一定相似性。

在煤样受持续应力而被压缩的过程中,煤样处于初始压密阶段。在这个阶段中,煤样主要发生压缩变形,即煤样整体是缩小的,体积呈现出减小趋势,伴随着煤样体积的变化,其渗透率也呈现出明显的减小趋势。煤样的体积减小在三方向表现为压缩变形,即 ε_v(煤样的体积应变)是增大的,ε_1(煤样在 σ_1 方向上的应变)、ε_2(煤样在 σ_2 方向上的应变)和 ε_3(煤样在 σ_3 方向上的应变)也是增大的,但四者之间的增加速率是不相同的,最大的是体积应变,最小的是最小主应力方向上的应变。发生上述变化的原因是:该阶段中,煤样内部的微裂隙受压闭合[88]。持续加载最大主应力,促使煤样变形进入弹性变形阶段:最大主应力方向的应变还是正向线性增加的,而其他两方向上的变形呈反向线性增加,其数值也开始变小;此阶段的体积应变的弯曲变化存在明显的滞后性。从图中的渗透率曲线可以看出,弹性阶段的渗透率更加符合线性变化的特点,由于煤粉受压应力的荷载作用,促使煤粉颗粒脱离导致渗流介质的渗流通道被填充,渗透率曲线产生波动。煤样在塑性变形阶段的三方向应变都出现了较慢的增长趋势,尤其是体积应变也出现了大幅度的反向增加。随最大主应力的继续施加,煤样达到自身的最大抗压强度(σ_u),如果煤样继续受压,便会发生破坏。此阶段中的煤体内部原存的孔隙裂隙全部被压密,原来的渗流通道都闭合了,但此时的渗透率虽然持续降低,但没有降低至 0,说明还存在渗流通道,即煤样受压的同时产生了新发育的微孔道,此阶段产生部分新生裂隙,只是其数量较少而已。继续施加最大主应力,煤样发生破坏,进入破坏失稳阶段,这个时候需要改变力的控制方式,转变为位移控制。破坏后的煤样受到应力的继续作用,其内部产生大量的渗流通道,渗透率开始出现上升。

从图 5-5～图 5-8 可以得到煤样在真三轴应力条件下的变形破坏特征与渗透率变化规律:

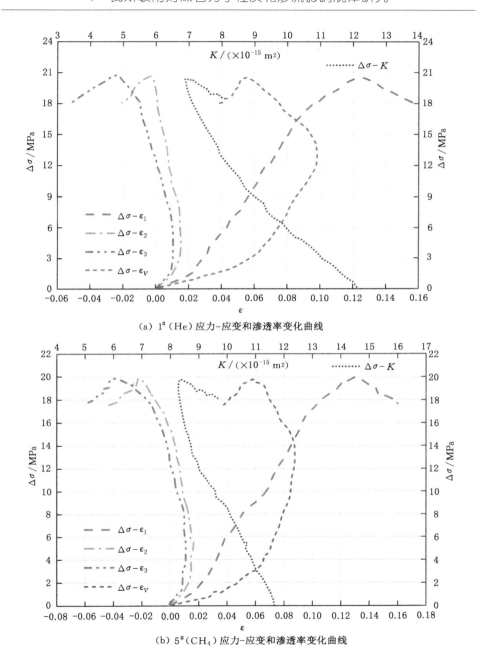

(a) 1#(He)应力-应变和渗透率变化曲线

(b) 5#(CH₄)应力-应变和渗透率变化曲线

图 5-5 路径 I 下煤样的应力-应变和渗透率变化曲线

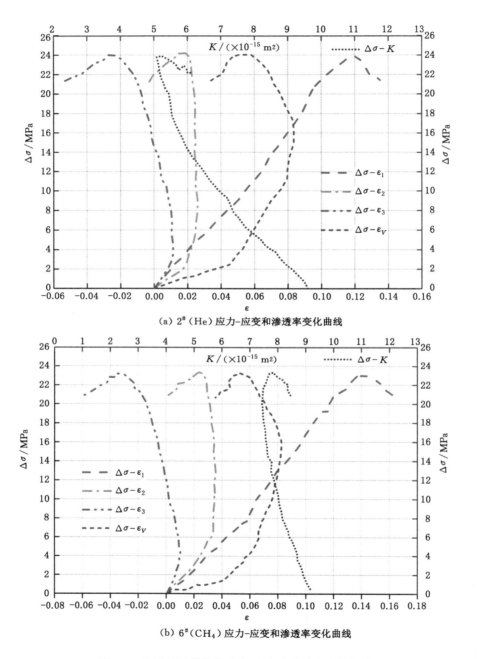

（a）2#（He）应力-应变和渗透率变化曲线

（b）6#（CH₄）应力-应变和渗透率变化曲线

图 5-6　路径 Ⅱ 下煤样的应力-应变和渗透率变化曲线

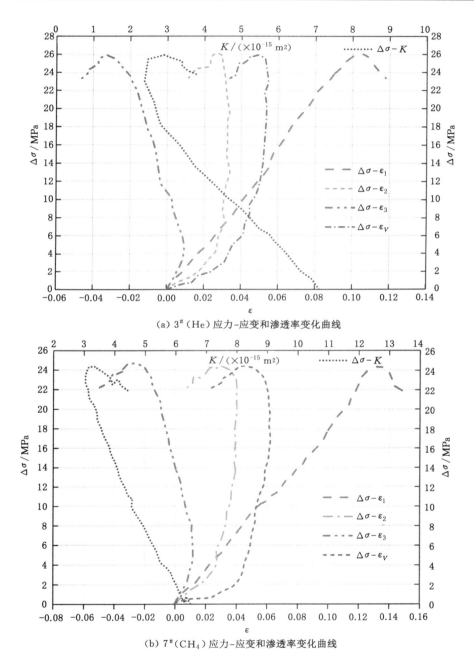

(a) 3#（He）应力–应变和渗透率变化曲线

(b) 7#（CH₄）应力–应变和渗透率变化曲线

图 5-7　路径Ⅲ下煤样的应力-应变和渗透率变化曲线

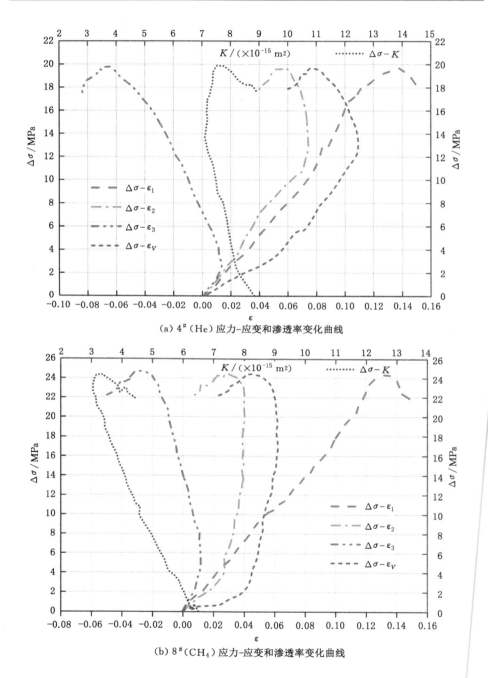

(a) 4#(He) 应力-应变和渗透率变化曲线

(b) 8#(CH₄) 应力-应变和渗透率变化曲线

图 5-8　路径Ⅳ下煤样的应力-应变和渗透率变化曲线

（1）在真三轴应力条件下煤样的全应力-应变是呈不同阶段性变化的，在前3个阶段，其体积应变差值小于最大主应力方向上的应变差，但与中间主应力和最小主应力方向上的应变差相比却是较大的。

（2）煤样从所处的弹性变形阶段过渡到塑性变形阶段的过程中存在着较为明显的转折点，这个转折点也是煤样在中间主应力方向上发生压缩变形慢慢减缓的过渡点。

（3）煤样在最小主应力方向上主要产生压缩变形和膨胀变形，两者之间的转化发生在弹性变形阶段，也就是煤样的压缩变形和膨胀变形都具有线性变形的特点。

（4）从路径Ⅰ到路径Ⅳ，中间主应力方向上的应变走向趋势越来越接近最大主应力方向上的走势，也就是中间主应力越大的应力环境中，其自身方向上的应变增长速率也越大。

（5）在4种应力路径下，煤样的渗透率都是随着最大主应力的增加，而呈现出先减小后增大的趋势。

同样在4种应力路径下，仔细分析煤样的应力-应变曲线和渗透率变化曲线，会发现不同应力环境下的变化也是存在差异的：

（1）在路径Ⅰ下，相当于常规三轴应力下，煤样在中间主应力和最小主应力方向上出现了膨胀变形，而在其他3种路径下，也就是其他不同中间主应力的真三轴应力环境下，煤样在中间主应力方向上的变形恒为压缩变形。

（2）在路径Ⅳ下，也就是中间主应力最大的真三轴应力环境下，与其他3种应力路径相比，其煤样的渗透率的变化幅度相对较小，但膨胀变形较大，说明中间主应力对煤样渗透率的变化起到限制作用，也限制煤样发生膨胀变形。

由上述煤体呈现出的现象可知：煤体从初始压密阶段到试验结束是一个整体先发生压缩变形，然后随三方向应力的增加剪切力变大而发生膨胀变形的过程，其中也包含煤基质吸附瓦斯而发生的膨胀变形。

5.4　煤岩瓦斯吸附变形和渗流规律演化模型建立

5.4.1　真三轴煤体吸附变形和渗透率演化模型

5.4.1.1　模型基本假设

本章着重考虑煤体的密度、泊松比、杨氏模量、体积模量，孔隙结构的长度、直径等参数，对真实煤体介质作出了基本假定，以便抽象出理想介质的概念，其中煤体与瓦斯气体满足以下条件：煤体是各向均质的连续性介质，即各个方向的物理力学性质是相同的;煤体是由煤基质骨架和游离、吸附在孔隙结构之间的气体所形成的饱和混合物[89];煤基质恒为固态,吸附气体恒为气态,二者之间不会相互转化;煤体内的气体在吸附解吸过程中不会放热吸热,即保持温度不变;煤体内所含的瓦斯气体的温度是相同的,即瓦斯在通入的整个过程中温度是保持恒定的。

5.4.1.2 瓦斯吸附变形模型建立

储层内的煤层气体主要以吸附形式存在,孔隙压力和吸附作用均使煤样产生体积变形。Scherer[90]认为,在各向同性的弹性介质体的弹性能与表面能的变化相等的条件下,介质体受吸附作用发生以膨胀形式的应变时,其可以表示为:

$$\varepsilon_{a} = \gamma A \rho_{s} \frac{f(\varphi, \nu_{s})}{E_{s}} \tag{5-1}$$

$$f(\varphi, \nu_{s}) = \left[1 - \frac{4c\varphi(1 - 2\nu_{s})}{3 - 5\nu_{s}} \right] \cdot \left[\frac{2(1 - \nu_{s}) - c\varphi(1 + \nu_{s})}{2 - 3c\varphi} \right] \tag{5-1-1}$$

$$c = \frac{8\sqrt{2}}{3\pi}; \varphi = \frac{a}{l} \tag{5-1-2}$$

式中,ε_{a} 为吸附体积应变;γ 为表面势能;A 为比表面积;ρ_{s} 为密度;E_{s} 为杨氏模量;ν_{s} 为泊松比;a 为孔隙半径;l 为孔隙长度。

根据朗缪尔吸附模型,Pan 等[91]借助 Myers[92]对吸附作用的分析思路,得出了表面势能与比表面积、朗缪尔吸附常数之间的关系:

$$\gamma = \left[\int_{0}^{p} V_{a} \mathrm{d}p - RT p_{L} \ln(1 + V_{L} p) \right] / A \tag{5-2}$$

结合式(5-1)与式(5-2),进一步化简得到煤层气吸附体积应变与储层密度、杨氏模量、泊松比等参数的关系[93]:

$$\varepsilon_{a} = \rho_{s} \frac{f(\varphi, \nu_{s})}{E_{s}} \left[\int_{0}^{p} V_{a} \mathrm{d}p - RT p_{L} \ln(1 + V_{L} p) \right] \tag{5-3}$$

式中,V_{a} 为吸附气体体积;p 为吸附气体压力;R 为气体常数;T 为温度;V_{L}、p_{L} 均为朗缪尔常数。

Cui 等[94]通过试验研究认为煤样因吸附产生的体积变形量与气体吸附压力呈线性关系:

$$\varepsilon_{a} = \varepsilon_{g} \cdot V_{a} \tag{5-4}$$

$$V_{a} = \frac{V_{L} p}{p + p_{L}} \tag{5-4-1}$$

式中,ε_{g} 为吸附体积应变系数。在物理试验环境温度不变的情况下,不考虑温度对气体吸附作用的影响,由气体吸附作用引起的储层应变 ε_{a} 为:

$$\varepsilon_a = \left[1 - \frac{4c\varphi(1-2\nu_s)}{3-5\nu_s}\right] \cdot \left[\frac{2(1-\nu_s)-c\varphi(1+\nu_s)}{2-3c\varphi}\right]\frac{\rho_s}{E_s}\int_{p_1}^{p_2}\frac{V_L\varepsilon_g p}{p+p_L}\mathrm{d}p$$

$$(5\text{-}5)$$

对式(5-5)进行变量转换并积分化简为:

$$\varepsilon_a = \frac{V_L\rho_s\varepsilon_g f(\varphi,\nu_s)}{E_s} \cdot \left\{\left[p - p_L\ln(p+p_L)\right]|_{p_1}^{p_2}\right\} \tag{5-6}$$

由上述气体吸附应变模型可知,在恒定温度的物理试验环境下,煤层气储层的吸附变形受自身的密度、泊松比、杨氏模量、孔隙率,以及吸附气体的压力、朗缪尔常数等影响。

5.4.1.3 煤体渗透率模型建立

Chikatamarla 等[95]开展了一系列煤体瓦斯吸附试验,其试验结果表明:当煤样吸附大量的气体时会产生体积应变,而且气体吸附产生的体积应变与吸附量是呈正相关的。依据岩石力学,吸附瓦斯煤样变形的应力、应变可以表述为[96]:

$$\sigma_{ij} = \frac{E_s}{1+\nu_s}\left(\varepsilon_{ij} + \frac{\nu_s}{1-2\nu_s}\varepsilon_V\delta_{ij}\right) + \xi p\delta_{ij} + K_s\varepsilon_a\delta_{ij} \tag{5-7}$$

$$K_s = \frac{E_s}{3(1-\nu_s)} \tag{5-7-1}$$

式中,ε_V 为煤样体积应变;E_s 为杨氏模量;K_s 为体积弹性模量;ξ 为 Biot 系数,取值范围为 $0\sim1$;δ_{ij} 为克罗内克函数(当 $i=j$ 时,$\delta_{ij}=1$;当 $i\neq j$ 时,$\delta_{ij}=0$)。

煤层气储层开采工作面前方分为塑性区、弹塑性区、弹性区和原岩应力区,即储层煤样处于垂直应力 $\sigma_{zz}(\sigma_1)$、侧应力 $\sigma_{yy}(\sigma_2)$ 和水平应力 $\sigma_{xx}(\sigma_3)$ 所组成的三维应力状态下,基于瓦斯吸附变形模型式(5-6),假设 $\varepsilon_3 = \varepsilon_2 = 0$,并结合式(5-7),可计算得出初始三维应力 σ_3、σ_2、σ_1 的数值关系:

$$\sigma_3 = \frac{\nu_s}{1-\nu_s}\sigma_1 + \frac{1-2\nu_s}{1-\nu_s}\left[p + \frac{\rho_s f(\varphi,\nu_s)}{3(1-\nu_s)}\int_{p_1}^{p_2}\frac{V_L\varepsilon_g p}{p+p_L}\mathrm{d}p\right] \tag{5-8}$$

$$\varepsilon_1 = \frac{\sigma_1}{E_s}; \sigma_1 = \sigma_u; \sigma_2 = (1+\eta)\sigma_3 \tag{5-8-1}$$

式中,σ_u 为储层煤样的抗压强度;η 为测试储层煤样标准试件的长宽比。

而储层煤样垂直方向的应力变化可表示为:

$$\sigma_{max} - \sigma_{max0} = \frac{2(1-2\nu_s)}{3(1-\nu_s)}\left[(p-p_0) + K_s(\varepsilon_a - \varepsilon_{a0})\right] \tag{5-9}$$

Cui 等[94]和王刚等[38]得出的应力、气体压力和渗透率的关系为:

$$k = k_0\exp\left\{-\frac{3}{K_p}\left[(\sigma-\sigma_0)-(p-p_0)\right]\right\} \tag{5-10}$$

将式(5-7)代入式(5-10)整合:

$$k = k_0 \exp\left\{ -\frac{3}{K_p} \left[\frac{(1+\nu_s) \cdot (\sigma_{max} - \sigma_{max0})}{2(1-2\nu_s)} - \frac{E_s(\varepsilon_a - \varepsilon_{a0})}{3(1-2\nu_s)} \right] \right\} \quad (5-11)$$

式中,K_p 为孔隙体积模量($K_p = K_s \cdot \phi$,ϕ 为孔隙率),GPa。

可由式(5-5)求解气体吸附体积应变差$(\varepsilon_a - \varepsilon_{a0})$,所以得到煤样在三维剪切应力条件下渗透率随最大主应力差变化而变化的理论模型为:

$$k = k_0 \exp\left\{ -\frac{3}{K_p} \left(\frac{(1+\nu_s) \cdot (\sigma_{max} - \sigma_{max0})}{2(1-2\nu_s)} - \right.\right.$$
$$\left.\left. \frac{f(\varphi, \nu_s) V_L \rho_s \varepsilon_g}{3(1-2\nu_s)} \left[p - p_L \ln(p + p_L) \mid_{p_1}^{p_2} \right] \right) \right\} \quad (5-12)$$

5.4.2 试验设计

5.4.2.1 煤样基本力学性质

试验原煤取自重庆松藻煤电有限责任公司渝阳煤矿 8# 无烟煤煤层,煤体破坏类型为Ⅲ～Ⅴ类。根据《煤和岩石物理力学性质测定方法 第9部分:煤和岩石三轴强度及变形参数测定方法》(GB/T 23561.9—2009)的规定将煤样加工成 100 mm×100 mm×200 mm 的长方体试件进行瓦斯吸附变形和渗透率测试,模型基本参数见表5-2。

表 5-2　模型基本参数

基本参数	符号/单位	煤样 1	煤样 2	煤样 3	煤样 4
孔隙体积模量	K_p/GPa	31.45	17.10	31.50	26.50
初始孔隙率	ϕ/%	3.7	4.1	5.0	4.6
多孔介质体积模量	K_s/MPa	850	420	630	570
杨氏模量	E_s/MPa	990	400	680	760
泊松比	ν_s	0.30	0.26	0.32	0.28
密度	ρ_s/(g/cm³)	1.25	1.22	1.24	1.21
孔直径比	φ	0.1			
朗缪尔体积模量	V_L/(cm³/g)	17.7(CH₄)			
朗缪尔压力模量	p_L/MPa	7.2(CH₄)			
与气体吸附有关的体积应变系数	ε_g/(g/cm³)	7.4×10⁻⁴			

5.4.2.2 试验方法与步骤

本试验分为恒定应力与恒定吸附压力两种类型,在不同吸附压力、三维应力环境下测量煤样变形和渗透流量,以此验证瓦斯吸附变形模型与三维剪切煤样渗流模型。由于此部分试验与前两章试验存在相同之处,在此仅以 σ_3 为

4 MPa、σ_2 为 6 MPa、σ_1 为 8 MPa 的三维应力与瓦斯吸附压力为 1 MPa 为例介绍试验步骤，如图 5-9 所示。

试验前先进行设备气密性监测，当气体流量累积仪示数不变且气体流量与时间曲线趋于水平直线时再进行其他试验操作。

（1）真三轴应力下的煤样渗流试验：首先按 0.01 MPa/s 逐步施加 σ_1、σ_2、σ_3 至预定静水压力 4 MPa，保持 σ_3 恒定，施加 σ_1、σ_2 至 6 MPa，最后单独施加 σ_1 至 8 MPa，形成三维剪切应力，此时通入一定压力的气体，测定煤样渗透率，将 σ_1 从 8 MPa 按照 1 MPa 的间隔逐渐加载至试验结束。

（2）基于上述步骤，营造 σ_3 为 4 MPa、σ_2 为 6 MPa、σ_1 为 8 MPa 的初始三维剪切应力环境后，打开高压气瓶阀门调节入口压力为 1 MPa，吸附 12 h，关闭进气与出气阀门，如果压力在 1 h 以内降低量小于等于系统泄漏气量认为煤样吸附平衡。按以上步骤每次做压差为 0.2 MPa 的煤样吸附变形试验。

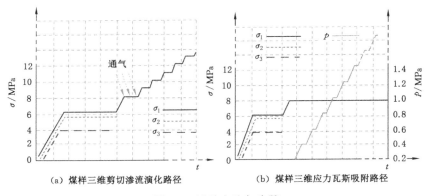

（a）煤样三维剪切渗流演化路径　　　　（b）煤样三维应力瓦斯吸附路径

图 5-9　试验方法与步骤

5.4.3　模型验证与分析

5.4.3.1　瓦斯吸附作用下煤体变形模型验证

图 5-10～图 5-13 是在最小主应力为 4 MPa、中间主应力为 6 MPa、最大主应力为 8 MPa 的三维剪切应力条件下所测得的由瓦斯吸附导致的煤样变形曲线。当保持每个试件的真三轴应力环境恒定时，在瓦斯吸附压力差以 0.2 MPa 的增量由 0 MPa 向 8 MPa 增加的过程中，随瓦斯吸附压力的不断增加，煤样在最大主应力方向、中间主应力方向和最小主应力方向产生的吸附应变逐渐增大，其吸附体积应变也逐渐增大[97]，但从 4 种煤样的吸附变形量分析，除煤样体积应变最大外，最大主应力方向的吸附应变最大，其次是最小主应力方向，最小的是中间主应力方向的应变，即 $\varepsilon_1 > \varepsilon_3 > \varepsilon_2$。这表明：

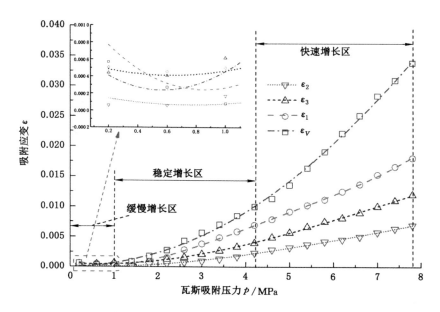

图 5-10　不同瓦斯吸附压力下煤样 1 变形特征

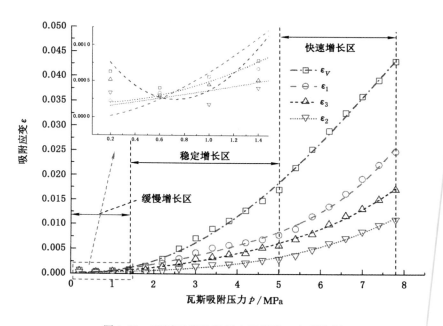

图 5-11　不同瓦斯吸附压力下煤样 2 变形特征

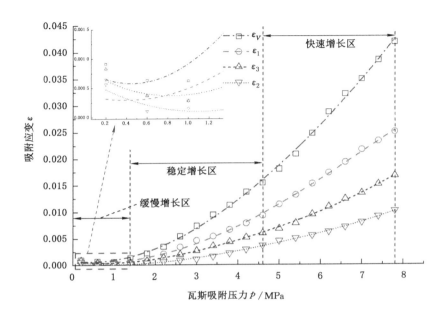

图 5-12　不同瓦斯吸附压力下煤样 3 变形特征

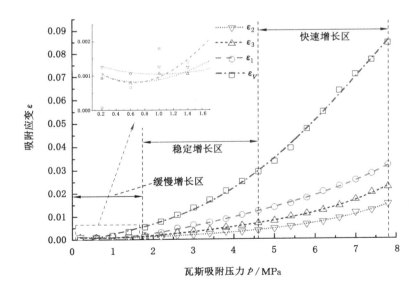

图 5-13　不同瓦斯吸附压力下煤样 4 变形特征

（1）煤样吸附瓦斯气体后将发生膨胀变形，由于煤样在吸附瓦斯气体之后，其表面张力降低、煤样表面分子与内部分子间引力减小、距离增大，煤样容易产生变形[98]。

（2）本试验煤样试件采用长方体，最大主应力方向是其他两方向尺寸的两倍，是产生吸附变形的主要方向。

（3）中间主应力方向相对于最小主应力方向采用刚性加载且数值较大，中间主应力方向的外力束缚大于最小主应力方向、相对于最小主应力的柔性加载不易产生变形，所以瓦斯吸附变形呈现出上述特点。

从图 5-10～图 5-13 可以看出煤样的吸附变形随瓦斯吸附压力的不断增加而表现出不同的吸附变形速率，分为缓慢增长区、稳定增长区、快速增长区。缓慢增长区：当瓦斯吸附压力低于 1 MPa 左右时，煤样在 3 个方向的变形和体积应变变化较小，且三者之间的大小关系不一致。稳定增长区：当瓦斯压力达到 5 MPa 左右时，煤样变形较稳定，三方向的变形和体积应变表现出明显的大小差异。快速增长区：当瓦斯压力达到最大值时，煤样三方向的变形和体积应变处于快速增长阶段。

分析其原因：瓦斯吸附在煤样孔裂隙内部，并将其充填起来，产生的作用力既有吸附压力的作用也有孔隙压力的作用，也就是当瓦斯压力大小不同时，煤样产生的吸附变形也是不同的。当瓦斯吸附压力较小时，煤样的变形主要是瓦斯的吸附作用起主导作用，但当瓦斯吸附压力较大时，瓦斯的吸附作用减弱，此时的瓦斯压力是以孔隙压力的方式产生作用的。

（1）当煤样试件所受的外部荷载一定且瓦斯吸附压力小于 5 MPa 时，其体积应变随吸附压力增加的幅度较小。在该区间内，瓦斯吸附体积应变取决于煤样对瓦斯的吸附性，而瓦斯的吸附性与瓦斯压力有关，随瓦斯压力的增加，煤样试件内的孔裂隙表面吸附的瓦斯增多，其厚度增加，气体分子之间的传递阻力增加，较低的孔隙压力很难使煤样孔裂隙发生多大变形，因此，在该区间内煤样的体积应变主要由瓦斯的吸附性决定。

（2）当煤样试件所受的外部荷载一定且瓦斯吸附压力大于 5 MPa 时，其体积应变随吸附压力增加的幅度较大。在该瓦斯吸附压力区间内，吸附压力作为较大的孔隙压力作用于煤样内部，引起的煤样试件固体骨架变形占支配地位，而瓦斯煤样的吸附性降为次要地位。

图 5-14～图 5-17 是煤样瓦斯吸附体积应变随瓦斯压力变化而变化的试验数据与理论数据对比分析结果。从煤样瓦斯吸附体积应变模型得到的理论曲线与试验结果拟合变化曲线可以看出，4 种煤样的拟合方差都在 98% 以上，试验结果与理论结果具有高度相似的变化趋势；随煤样受到的瓦斯吸附压力差的逐渐

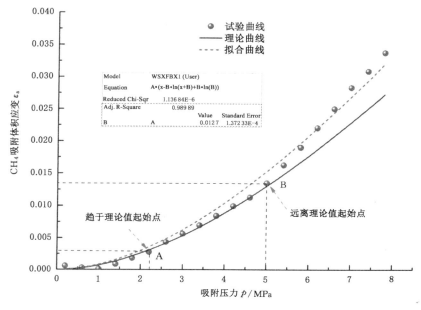

图 5-14　煤样 1 瓦斯吸附体积应变与吸附压力之间的关系

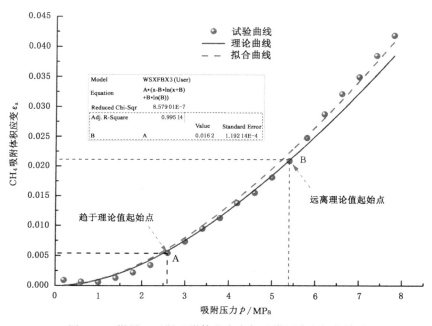

图 5-15　煤样 2 瓦斯吸附体积应变与吸附压力之间的关系

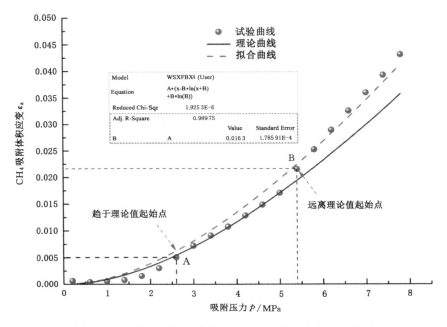

图 5-16　煤样 3 瓦斯吸附体积应变与吸附压力之间的关系

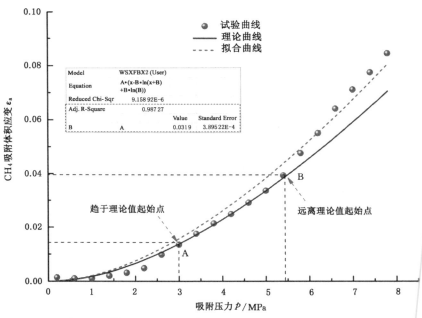

图 5-17　煤样 4 瓦斯吸附体积应变与吸附压力之间的关系

增大,其与吸附体积应变呈正相关关系。当瓦斯的吸附压力在接近于理论值起始点(2.5 MPa 左右)以下时,煤样的试验瓦斯吸附体积应变偏小于理论瓦斯吸附体积应变;当瓦斯吸附压力差远离理论值起始点(5 MPa 左右)时,煤样试验吸附体积应变大于理论吸附体积应变;在两点之间(2.5~5 MPa 左右)时,煤样试验吸附体积应变与理论吸附体积应变曲线几乎重合,吻合程度较高。

分析原因:瓦斯以吸附态和游离态赋存于煤样的孔隙和裂隙系统中,主要吸附于煤岩的微孔隙内,吸附在煤样孔隙表面的瓦斯分子释放出吸附热能,形成膨胀力,促使煤样产生膨胀变形。而游离瓦斯在煤样孔隙中形成孔隙压力,对煤样变形破坏的影响是通过孔隙压力作为体积力而作用的[99]。随吸附压力差的不断增大,瓦斯分子吸附在煤样表面的数量越来越多,释放出的吸附热量也越来越多,产生的膨胀力也越来越大,最终产生的膨胀变形也就越来越大。但与此同时,游离在煤样孔隙中的瓦斯数量也越多,产生的孔隙压力也就越大,对煤样的破坏力就越强,所以在较大的瓦斯吸附压力差的条件下,其试验结果高于理论值,也就是当瓦斯压力增加到一定程度,比如突出煤样产生明显的宏观变形和破坏后,瓦斯压力对突出煤样的力学作用接近极限,再增加瓦斯压力对其内部的裂隙和孔隙变化影响不大,产生的吸附变形较小。从试验与理论瓦斯吸附体积应变曲线来看,两者的拟合方差在98%以上,可以看出煤样瓦斯吸附变形模型的结果与试验结果吻合,该模型可以较好地预测瓦斯在不同吸附压力条件下煤样所产生的体积应变。

5.4.3.2 基于瓦斯吸附作用的煤体渗透率模型验证

在真三轴应力条件下,煤样受不同瓦斯压力的作用而产生吸附变形,另外,受瓦斯的吸附作用影响,煤样的渗透率也存在明显的差异。煤样的渗透率与瓦斯的吸附压力、外加应力都存在一定关系,为了得到它们之间具体的联系,将煤样在初始三维应力条件下的参数进行归一化处理,然后再进行详细分析[100]。其具体参数见表5-3。

表 5-3　煤样初始参数

基本参数	符号/单位	煤样 1	煤样 2	煤样 3	煤样 4
CH_4 吸附压力	p/MPa	4	3	4	3
吸附体积应变	ε_a/(cm³/g)	0.008 9	0.020 4	0.012 6	0.007 0
初始渗透率	K_0/($\times 10^{-15}$ m²)	6.38	5.27	7.21	6.52
最小主应力	σ_3/MPa	5.0	3.5	4.8	3.7
中间主应力	σ_2/MPa	7.5	5.3	7.2	5.6

　　图 5-18～图 5-21 是在三维剪切应力环境中所测得的煤样渗透率演化数据,并将试验结果与理论变化结果进行了对比分析。由图可知,随三维剪切应力环境中最大主应力差的不断增大,煤样瓦斯渗透率呈阶段性变化。另外,从煤样试验渗透率变化曲线整体分析可知,随着最大主应力差的增大,煤样渗透率逐渐减小。

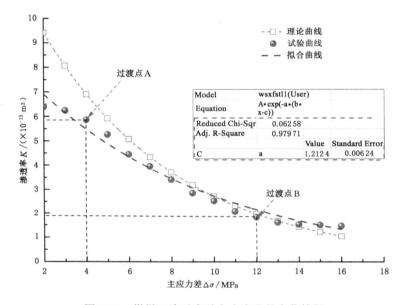

图 5-18　煤样 1 渗透率随主应力差的变化特征

　　在煤样渗流试验过程中,随着最大主应力差的增大,煤样渗透率变化呈现阶段性特点,分为初始缓慢减小区、稳定快速减小区、末尾平稳减小区。初始缓慢减小区:最大主应力从初始应力水平逐渐增加,煤样受压程度越来越大,其内部的孔隙及微裂隙不断地被压缩,导致瓦斯的渗流通道越来越窄,致使煤样的渗透率呈现出缓慢降低的变化趋势。稳定快速减小区:随着最大主应力与初始应力水平的差值不断增加,煤样开始进入弹性变形模式,其煤样内部的原始孔隙、裂隙被线性压缩,并未发生孔隙结构上的破坏,渗透率变化曲线也呈线性变化,即煤样渗透率是不断减小的,如果此时迅速将煤样的外部荷载去除掉,从理论上讲,煤样所发生的变形是可以得到恢复的[43]。末尾平稳减小区:随着最大主应力差的继续增加,煤样所受的三维剪切应力将导致煤样由压缩状态转化为膨胀状态,也就是煤样内部颗粒之间发生相对滑移,煤样原有的大量微小裂隙不断扩展,并生成新的大裂隙,新裂隙的产生和原有裂隙的闭合两种效应彼此抵消,导致煤样渗透率缓慢减小。若此时继续增加最大主应力差,达到煤样峰值强度,煤样出现宏观裂隙,渗透率还可能出现上升阶段。

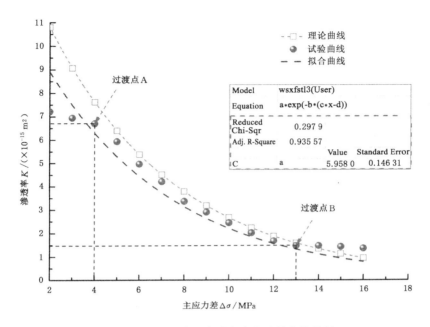

图 5-19 煤样 2 渗透率随主应力差的变化特征

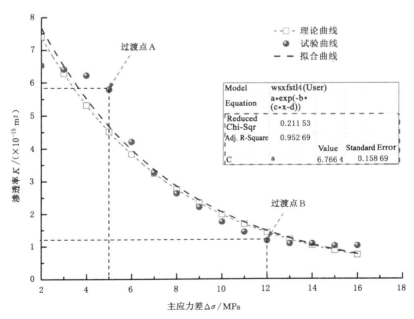

图 5-20 煤样 3 渗透率随主应力差的变化特征

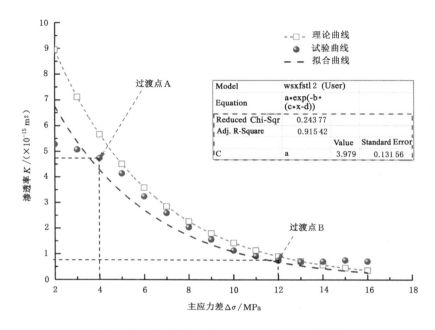

图 5-21　煤样 4 渗透率随主应力差的变化特征

　　由图 5-18～图 5-21 可以看出,保持每个煤样的瓦斯渗透压力差不变,在最大主应力差以 0.5 MPa 的增量由 2 MPa 向 16 MPa 逐级增加的过程中(煤样未破坏),煤样的试验和理论渗透率计算结果变化规律较为一致,均呈现出随着荷载应力水平的增高而降低的变化趋势,渗透率降低的速率越来越慢。试验中保持通入的瓦斯压力不变,随着真三轴应力中最大主应力的荷载水平持续增加,煤样将受到更大的轴向压应力,煤样内部的孔隙压力与外部荷载相抵消,形成了更大的有效应力,其内部孔隙结构受压而闭合,气体流动通道变少变窄,煤样的瓦斯渗透能力下降。

5.5　本章小结

　　在本章中开展了以瓦斯和氦气作为吸附介质、渗流介质的煤样吸附-渗流试验,在真三轴应力环境中对比分析了瓦斯吸附作用对煤样变形和渗透率等的影响程度,得到了以下重要结论:

　　(1)在瓦斯吸附试验中,瓦斯吸附作用导致煤样变形的程度取决于施加围压的刚-柔性质。即由液压提供的柔性应力围压与由刚性压头提供的刚性应力围压在数值上相等时,柔性应力围压利于瓦斯吸附作用,促使煤样产生宏观变形,这由煤样自身的成形和尺寸效应决定,而刚性应力围压限制瓦斯吸附作用对煤样变形的影响。

（2）在不同的真三轴应力环境中,中间主应力可以促使煤样在最小主应力方向上的应变速率的提高。在中间主应力变大的不同真三轴应力环境中,将每一种应力环境中的中间主应力与最小主应力方向的应变进行对比,发现中间主应力越大的真三轴应力环境中,其煤样在最小主应力方向上的应变速率是越大的。

（3）基于煤样瓦斯吸附体积应变模型,深层次分析煤样瓦斯吸附变形与应力、应变、渗透率之间的关系,建立了三维剪切应力作用下的煤样渗透率演化模型,该模型结果与试验结果的拟合方差在 90% 以上,可较好地反映稳定快速减小区渗透率的变化。

6 真三轴应力下煤岩气-固耦合损伤及渗透性演化规律

随着煤矿开采深度的增加,地应力、瓦斯压力增大,煤层的渗透性降低,瓦斯灾害事故频繁发生。由于采动的影响,煤岩应力发生重新分布,经历了加载和卸载共同作用的复杂应力途径。以往多采用常规的加载方式对煤岩的力学和渗透特性进行研究,但这与实际情况有较大的差异。为此,本章利用自行研制的真三轴流固耦合煤体渗流试验系统,分析中间主应力、瓦斯压力、吸附作用对煤体力学和渗流特性的影响,为研究真三轴应力作用下煤体损伤变形及渗流特性提供可靠的试验基础。

6.1 中间主应力对型煤力学和渗流特性的影响

6.1.1 试验方案

本章试验装置与型煤试件制备均采用 5.1 节所介绍的装置与方法。在室温下,首先逐步施加 σ_1、σ_2、σ_3 至初始预定压力,然后保持三向应力不变,充入浓度为 99.9％的瓦斯气体,待瓦斯吸附平衡后,继续施加轴向应力至试件破坏。加载参数见表 6-1。

表 6-1 加载参数

序号	初始 σ_1/MPa	初始 σ_2/MPa	初始 σ_3/MPa	瓦斯压力 p/MPa
1	4	4	4	0.5
2	6	6	4	
3	8	8	4	
4	4	4	4	1.0
5	6	6	4	
6	8	8	4	

表 6-1(续)

序号	初始 σ_1/MPa	初始 σ_2/MPa	初始 σ_3/MPa	瓦斯压力 p/MPa
7	4	4	4	
8	6	6	4	1.5
9	8	8	4	

6.1.2　力学特性及渗透性演化规律

不同中间主应力条件下煤体应力-应变曲线以及渗透率-应变曲线如图 6-1 所示。由图可以看出,在恒定瓦斯压力条件下,煤体试件应力-应变过程大致可以分为 4 个阶段:初始压密阶段(第 I 阶段)、弹性变形阶段(第 II 阶段)、弹塑性变形阶段(第 III 阶段)、破裂失稳阶段(第 IV 阶段)。在第 I 阶段,随着轴压的增加,试件内部微观孔裂隙逐渐压密闭合,试件被压实,孔隙率减小,瓦斯渗流通道变小,阻碍了瓦斯在煤体中的流动,渗透率呈现出逐渐降低的趋势,形成早期的非线性变形,且随着中间主应力的增大,初始压密阶段越来越不明显。在第 II 阶段,试件变形以弹性变形为主,应力-应变曲线呈近似线性比例关系,微观孔裂隙在轴向应力的作用下进一步被压实,导致孔隙率进一步减小,渗透率继续降低,且随着轴向应变的增大,渗透率下降速率逐渐减小。在第 III 阶段,轴向应力继续增加,但增加速率逐渐变缓,逐渐开始接近强度极限,煤粉颗粒之间内聚力减小,促使裂隙逐渐发展,但由于其未贯通,瓦斯渗流通道继续变小,导致渗透率继续降低,达到抗压强度时渗透率降至最小值。在第 IV 阶段,试件处于应力跌落阶段,这是试件内部由开始的连续损伤和均匀应变向损伤局部化和应变局部化集聚过渡的宏观表现,其本质是裂纹的失稳扩展。试件内部微裂纹出现集聚、汇集和贯通,瓦斯渗流通道不断增大,渗透率出现上升的趋势,但由于煤粉颗粒相互挤压、错动,已经与试件脱离,使新产生的裂纹被堵塞,使得渗透率只出现了小幅度上升。由此可见试件渗透率的变化与其变形损伤特征密切相关。

图 6-2 为试件抗压强度、峰值轴向应变及初始瓦斯渗透率与中间主应力关系曲线。由图可见,瓦斯压力为 0.5 MPa 条件下,中间主应力由 4 MPa 增大到 6 MPa、8 MPa 时,对应的抗压强度由 20.2 MPa 增大到 23.8 MPa、26.4 MPa,分别增大了17.8%、30.7%,达到抗压强度对应的轴向应变由 0.142 减小到 0.118、0.102,分别减小了 16.9%、28.2%,初始渗透率由 18.23×10^{-15} m^2 降低至 15.59×10^{-15} m^2、12.78×10^{-15} m^2,分别降低了 14.5%、29.9%;瓦斯压力为

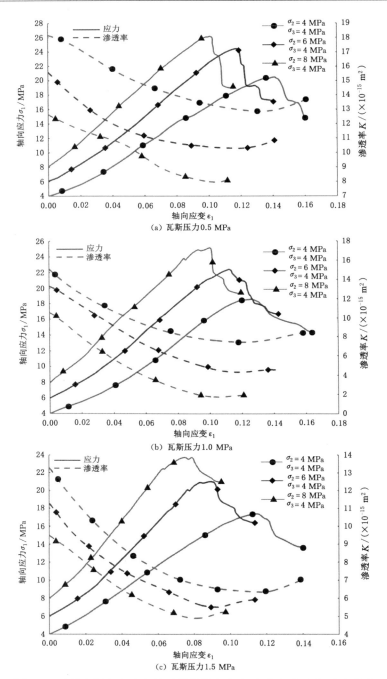

图 6-1　不同中间主应力条件下煤体轴向应力-应变和渗透率-应变曲线

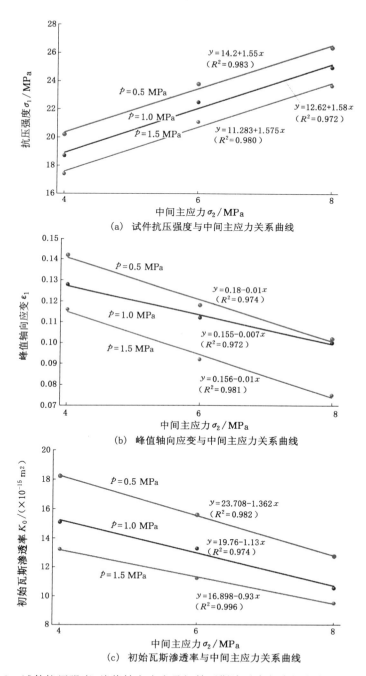

（a）试件抗压强度与中间主应力关系曲线

（b）峰值轴向应变与中间主应力关系曲线

（c）初始瓦斯渗透率与中间主应力关系曲线

图 6-2　试件抗压强度、峰值轴向应变及初始瓦斯渗透率与中间主应力关系曲线

1.0 MPa 条件下,中间主应力由 4 MPa 增大到 6 MPa、8 MPa 时,对应的抗压强度由 18.7 MPa 增大到 22.5 MPa、25.0 MPa,分别增大了 20.3%、33.7%,达到抗压强度对应的轴向应变由 0.128 减小到 0.112、0.100,分别减小了 12.5%、21.9%,初始渗透率由 15.09×10^{-15} m^2 降低至 13.28×10^{-15} m^2、10.57×10^{-15} m^2,分别降低了 12.0%、30.0%;瓦斯压力为 1.5 MPa 条件下,中间主应力由 4 MPa 增大到 6 MPa、8 MPa 时,对应的抗压强度由 17.4 MPa 增大到 21.1 MPa、23.7 MPa,分别增大了 21.3%、36.2%,达到抗压强度对应的轴向应变由 0.116 减小到 0.092、0.075,分别减小了 20.7%、35.3%,初始渗透率由 13.23×10^{-15} m^2 降低至 11.25×10^{-15} m^2、9.52×10^{-15} m^2,分别降低了 15.0%、28.0%。中间主应力对煤体内部孔隙、裂隙的扩张起阻碍作用,中间主应力越大,孔隙、裂隙越容易被压密,煤样抵抗弹性变形的能力越大,瓦斯渗流通道越小。因此,中间主应力越大,煤体抗压强度越大,达到抗压强度时对应的轴向应变越小,初始瓦斯渗透率越小。

6.2 瓦斯压力对型煤力学和渗流特性的影响

6.2.1 试验方案

在室温下,首先逐步施加 σ_1、σ_2、σ_3 至初始预定应力,然后保持三向应力不变,充入浓度为 99.9% 的瓦斯气体,待瓦斯吸附平衡后,继续施加轴向应力至试件破坏。加载参数见表 6-2。

表 6-2　加载参数

序号	初始 σ_1/MPa	初始 σ_2/MPa	初始 σ_3/MPa	瓦斯压力 p/MPa
1				0.5
2	4	4	4	1.0
3				1.5
4				0.5
5	6	6	4	1.0
6				1.5
7				0.5
8	8	8	4	1.0
9				1.5

6.2.2 力学特性及渗透性演化规律

不同瓦斯压力条件下型煤应力-应变以及渗透率-应变曲线如图 6-3 所示，由图可知，不同瓦斯压力下型煤应力-应变曲线与渗透率-应变曲线表现出一致的变化规律。图 6-4 为试件抗压强度、峰值轴向应变及初始瓦斯渗透率与瓦斯压力关系曲线。中间主应力与最小主应力都等于 4 MPa 条件下，瓦斯压力由 0.5 MPa 增大到 1.0 MPa、1.5 MPa 时，煤体的抗压强度由 20.2 MPa 减小到 18.7 MPa、17.4 MPa，分别减小了 7.4%、13.9%，达到抗压强度时对应的轴向应变由 0.142 减小到 0.128、0.116，分别减小了 9.9%、18.3%，初始渗透率相应由 18.23×10^{-15} m² 减小到 15.09×10^{-15} m²、13.23×10^{-15} m²，分别减小了 17.2%、27.4%；中间主应力为 6 MPa、最小主应力为 4 MPa 条件下，瓦斯压力由 0.5 MPa 增大到 1.0 MPa、1.5 MPa 时，煤体的抗压强度由 23.8 MPa 减小到 22.5 MPa、21.1 MPa，分别减小了 5.5%、11.3%，达到抗压强度时对应的轴向应变由 0.118 减小到 0.112、0.092，分别减小了 5.1%、22.0%，初始渗透率相应由 15.59×10^{-15} m² 减小到 13.28×10^{-15} m²、11.25×10^{-15} m²，分别减小了 14.8%、27.8%；中间主应力为 8 MPa、最小主应力为 4 MPa 条件下，瓦斯压力由 0.5 MPa 增大到 1.0 MPa、1.5 MPa 时，煤体的抗压强度由 26.4 MPa 减小到 25.0 MPa、23.7 MPa，分别减小了 5.3%、10.2%，达到抗压强度时对应的轴向应变由 0.102 减小到 0.100、0.075，分别减小了 2.0%、26.5%，初始渗透率相应由 12.78×10^{-15} m² 减小到 10.57×10^{-15} m²、9.52×10^{-15} m²，分别减小了 17.3%、25.5%。因此，瓦斯压力越大，煤体抗压强度越小，达到抗压强度时的轴向应变值越小，初始瓦斯渗透率越小。

瓦斯压力对煤体力学行为的影响，主要表现为游离瓦斯在试件内部的力学作用和吸附瓦斯的吸附膨胀应力作用，这两种作用会对煤岩体力学特性产生不利影响，从而削弱了煤体的强度，更易发生失稳破坏；瓦斯压力越大吸附作用越强，被吸附的瓦斯分子越多，从而占据了煤的主要渗流通道，且煤体骨架所产生的内向吸附膨胀变形增加，使渗流通道减小，导致渗透率降低。因此，瓦斯压力增大不仅会导致煤岩强度降低，还会导致煤岩破坏时的变形能力降低。在煤炭地下开采中存在较高瓦斯压力时，应特别注重瓦斯的有效释放和抽采，从而有效避免和预防由高瓦斯引起的灾害事故的发生。

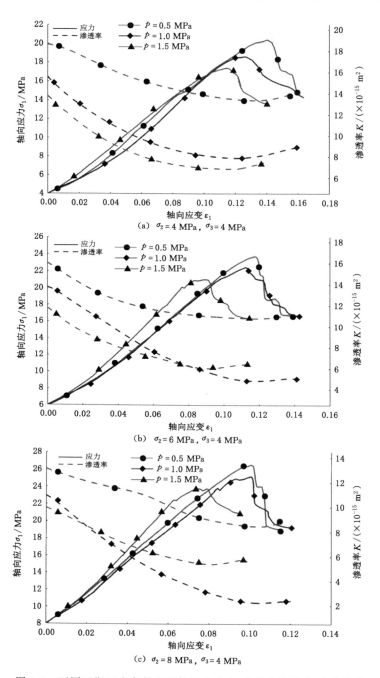

(a) $\sigma_2 = 4$ MPa，$\sigma_3 = 4$ MPa

(b) $\sigma_2 = 6$ MPa，$\sigma_3 = 4$ MPa

(c) $\sigma_2 = 8$ MPa，$\sigma_3 = 4$ MPa

图 6-3 不同瓦斯压力条件下煤体轴向应力-应变和渗透率-应变曲线

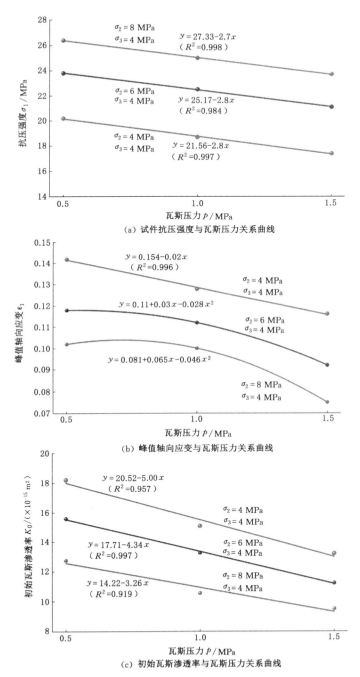

（a）试件抗压强度与瓦斯压力关系曲线

（b）峰值轴向应变与瓦斯压力关系曲线

（c）初始瓦斯渗透率与瓦斯压力关系曲线

图 6-4　试件抗压强度、峰值轴向应变及初始瓦斯渗透率与瓦斯压力关系曲线

6.3 吸附作用对型煤力学和渗流特性的影响

6.3.1 试验方案

在室温下,首先逐步施加 σ_1、σ_2、σ_3 至初始预定应力,然后保持三向应力不变,充入不同吸附性气体 CH_4 和 He,待气体达到稳定后,继续施加轴向应力至试件破坏。加载参数见表 6-3。

表 6-3 加载参数

气体	煤样编号	应力路径	初始 σ_1/MPa	初始 σ_2/MPa	初始 σ_3/MPa	瓦斯压力 p/MPa
CH₄	1#	I	4	4	4	
	2#	II	6	6	4	1.0
	3#	III	8	8	4	
He	4#	I	4	4	4	
	5#	II	6	6	4	1.0
	6#	III	8	8	4	

6.3.2 力学特性及渗透性演化规律

不同吸附性气体试验后型煤煤样变形破坏形态如图 6-5 所示。由图可知,试验后煤样试件均发生了剪切破坏,剪切裂缝从左上角延伸至右下角,与水平方向呈约 63°夹角,用手掰开煤样,试件大致分成了两部分。分析认为,试件在主应力差作用下产生剪应力,剪应力受力状态如图 6-6 所示。试验过程中逐渐出现裂纹,随着三向应力作用下产生的剪应力的增大,裂纹尖端应力集中,裂纹向两端不断延伸和扩展,并出现贯通,裂隙宽度不断变大,随后出现了如图 6-5 所示的剪切破坏状态。除了剪切裂纹这条主裂纹外,试件还出现了不同方向的次裂纹。

两种气体压力作用下,煤样均发生了粉化现象,但 CH_4 比 He 试验后粉化现象更为严重,分析认为 CH_4 具有吸附性,而 He 基本没有吸附性,CH_4 在渗流过程中带走试件一部分水分,且煤岩体颗粒由于吸附 CH_4 存在内外部瓦斯压力梯度,则裂纹切向应力如果超过了其断裂强度则微裂纹必然扩张,导致 CH_4 比 He 试验后粉化现象更为严重。

图 6-5 煤样破坏形态

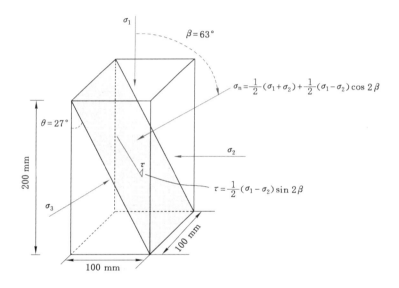

图 6-6 煤样受力状态

图 6-7 为两种试验方案煤样应力-应变曲线和渗透率-应变曲线。由图可知，两种煤样试件整体趋势同样大致可以分为 4 个阶段:初始压密阶段(第Ⅰ阶段)、弹性变形阶段(第Ⅱ阶段)、弹塑性变形阶段(第Ⅲ阶段)、塑性变形阶段(第Ⅳ阶段)。在阶段Ⅰ中，随 σ_1 缓慢增加，煤样内部空隙被压密，渗透率开始下降。在阶段Ⅱ中，σ_1 与 ε_1 近似呈线性变化，煤样内的部分原生裂隙、微裂隙继续被压密，进而表现为渗透率呈近似直线变化。在阶段Ⅲ中，随 σ_1 的继续增大，煤样开始出现新生裂隙，但其发育缓慢，裂隙没有贯通，在 σ_1 作用下渗透率继续降低，但下降趋势逐渐变缓。在阶段Ⅳ中，随着 σ_1 继续增大，新生裂隙进一步发育而最终形成贯通宏观裂隙，渗透率由之前的下降趋势转变为缓慢上升。

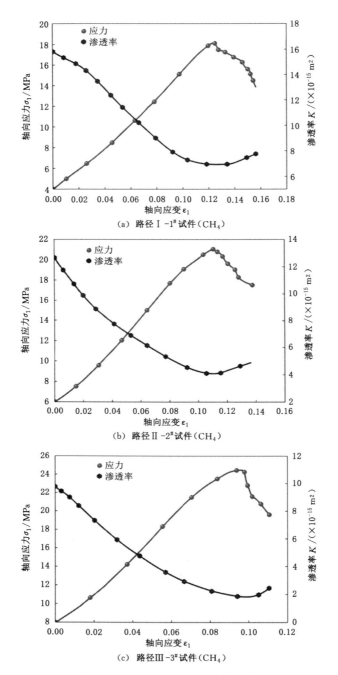

图 6-7　应力、应变和渗透率关系曲线

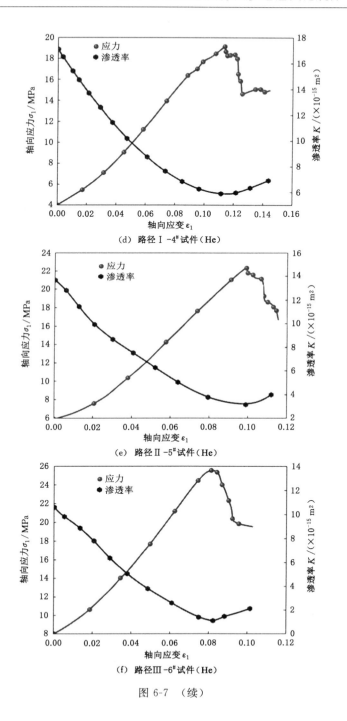

(d)　路径Ⅰ-4#试件（He）

(e)　路径Ⅱ-5#试件（He）

(f)　路径Ⅲ-6#试件（He）

图 6-7　（续）

图 6-8 为不同路径下煤样的抗压强度,由图可知,$1^\#$、$2^\#$、$3^\#$煤样所对应的抗压强度为 18.1 MPa、21.0 MPa、24.4 MPa,即 $2^\#$、$3^\#$煤样的抗压强度相对于 $1^\#$煤样的抗压强度增加了 16.0%、34.8%,同样 $5^\#$、$6^\#$煤样的抗压强度相对于 $4^\#$煤样的抗压强度增加了 16.7%、33.3%,因此可以看出,两种试验方案下 σ_2 的增加对煤体抗压强度的提高均起促进作用。图 6-9 为不同煤样的渗透率,由图可知,$1^\#$煤样的最大渗透率为 15.8×10^{-15} m^2,最小渗透率为 6.9×10^{-15} m^2,渗透率差为 8.9×10^{-15} m^2;$2^\#$煤样的最大渗透率为 12.7×10^{-15} m^2,最小渗透率为 4.1×10^{-15} m^2,渗透率差为 8.6×10^{-15} m^2;$3^\#$煤样的最大渗透率为 9.8×10^{-15} m^2,最小渗透率为 1.8×10^{-15} m^2,渗透率差为 8.0×10^{-15} m^2。即 $2^\#$、$3^\#$煤样相对于 $1^\#$煤样最大渗透率降低了 19.6%、38.0%,最小渗透率降低了 40.6%、73.9%,渗透率差降低了 3.4%、10.1%。同样,$5^\#$、$6^\#$煤样相对于 $4^\#$煤样最大渗透率降低了 20.5%、38.0%,最小渗透率降低了 47.5%、81.4%,渗透率差降低了 6.3%、15.2%。

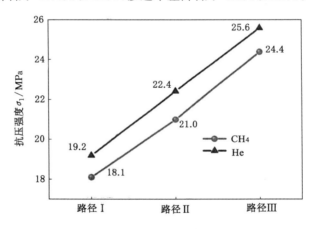

图 6-8   不同路径下煤样抗压强度

图 6-8 中 $1^\#$煤样的抗压强度是 18.1 MPa,$4^\#$煤样的抗压强度是 19.2 MPa,即后者相对于前者增加了 6.1%,同样 $5^\#$、$6^\#$煤样的抗压强度相对于 $2^\#$、$3^\#$煤样增加了 6.7%、4.9%,即相同试验条件下,通入 He 煤样的抗压强度要大于通入 CH_4 煤样的抗压强度。分析认为,瓦斯对煤体力学行为的影响主要表现为游离瓦斯在试件内部的孔隙压力作用和吸附瓦斯的吸附膨胀应力作用,这两种作用对煤岩体力学特性产生不利影响,削弱了煤体的强度,更易发生失稳破坏。而 He 不具备吸附特性,对煤样只产生孔隙压力,不产生吸附膨胀应力,因此作用力要小于瓦斯对煤样的作用力,因此,通入 CH_4 煤样的抗压强度要小于通入 He 煤样的抗压强度。相对于通入 CH_4 气体煤样的抗压强度,通入不具吸附性的

He 使煤样的抗压强度提高了 4.9％～6.7％。

图 6-9 中 1$^\#$ 煤样的初始瓦斯渗透率(最大瓦斯渗透率)及渗透率差值相对于 4$^\#$ 煤样降低了 7.6％、20.5％,同样 2$^\#$、3$^\#$ 煤样的初始瓦斯渗透率及渗透率差值相对于 5$^\#$、6$^\#$ 煤样分别降低了 6.6％、18.1％ 和 7.5％、15.8％,即吸附性越强的气体,其渗透率越小。分析认为,由于 CH_4 具有吸附性,煤样吸附瓦斯分子后,孔裂隙发生膨胀变形,且吸附层占据孔道面积,导致有效渗流通道截面减小,而 He 不具有吸附性,He 通入后直接从煤样内部流出,不会产生这种作用,因此,通入 He 煤样渗透率要大于通入 CH_4 煤样渗透率。

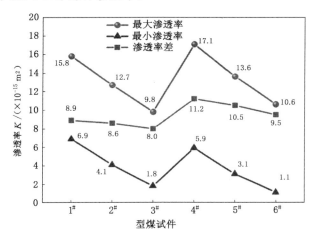

图 6-9   不同煤样的渗透率

6.4   本章小结

本章采用真三轴气固耦合煤体渗流试验系统进行了中间主应力、瓦斯压力以及吸附作用 3 种影响因素对煤体力学和渗流特性的影响试验,分析了应力、应变以及渗透率变化规律,同时也分析了 3 种影响因素对含瓦斯煤损伤变形及渗透率的影响,得到以下主要结论:

(1) 不同影响因素条件下,煤体应力-应变过程均大致可以分为初始压密、弹性变形、弹塑性变形、塑性变形 4 个阶段。应力随着应变增大而增大,达到峰值强度时应力出现快速跌落,煤体试件发生破坏,应变快速增加。渗透率整体呈现先快速降低,后缓慢降低,在试件发生失稳破坏后上升的趋势。试件渗透率的变化与其变形损伤特征密切相关。

(2) 相同瓦斯压力条件下,中间主应力对煤体内部孔隙、裂隙的扩张起阻碍作用,中间主应力越大,孔隙、裂隙越容易被压密,煤样抵抗弹性变形的能力越大,瓦斯渗流通道越小。因此,中间主应力越大,煤体抗压强度越大,达到抗压强度时对应的轴向应变越小,瓦斯渗透率越小。

（3）相同应力条件下,瓦斯压力越大,煤体抗压强度越小,达到抗压强度时对应的轴向应变越小,瓦斯渗透率越小。瓦斯压力对煤体力学行为的影响主要表现为游离瓦斯在试件内部的孔隙压力作用和吸附瓦斯的吸附膨胀应力作用,这两种作用对煤岩体力学特性产生不利影响,削弱了煤体的强度,更易发生失稳破坏。同时,瓦斯压力越大吸附作用越强,被吸附的瓦斯分子越多,从而占据了煤的主要渗流通道,且煤体骨架所产生的内向吸附膨胀变形增加,使渗流通道减小,导致渗透率降低。因此,瓦斯压力的存在不仅会导致煤岩强度降低,还会导致煤岩破坏时的变形能力降低。

（4）不同吸附性气体对煤体力学和渗流特性的影响是不同的。通入 CH_4 和 He 煤样的全应力-应变过程呈阶段性变化,在应力路径相同的情况下,由于 CH_4 具有吸附作用,降低了煤样的抗压强度和渗透率。CH_4 吸附于煤体内部孔裂隙表面,增大了孔裂隙内部压力,促使裂隙向外扩张,使煤样抗压强度降低,而新扩张的裂隙又被通入的 CH_4 所吸附满,渗透通道变窄,渗透阻力加大。而 He 不具有吸附性,对煤体不会产生吸附膨胀应力作用。因此,通入具有吸附性 CH_4 的煤样与通入不具吸附性 He 的煤样相比其抗压强度降低了 $4.9\%\sim6.7\%$、渗透率降低了 $6.6\%\sim7.6\%$。

7　真三轴应力下煤岩损伤变形及渗流数值模拟

本章通过PFC³ᴰ数值模拟软件进行抗压、抗拉试验模拟,建立煤体宏细观参数,在此基础上对煤体进行应力和瓦斯耦合作用下真三轴试验颗粒流模拟,对比分析模拟结果与试验结果,进一步验证真三轴应力条件下煤体损伤变形及渗流特性物理试验结果的准确性。

7.1　颗粒流数值模拟基本原理

7.1.1　数值模拟黏结模型

进行煤体颗粒流数值模拟时,需设置接触黏结模型或平行黏结模型来表征颗粒之间存在胶结物。接触黏结模型只要颗粒之间保持接触,即使黏结断裂,接触刚度也会保持有效,对宏观刚度不会产生太大影响。而平行黏结模型其宏观刚度由接触刚度和黏结刚度共同组成,一旦黏结断裂,宏观刚度立即降低,从而可以更真实地模拟煤体在拉伸、压缩或剪切断裂时的损伤变形情况。因此,本书选择平行黏结模型。

7.1.2　伺服机制作用原理

伺服机制作用原理是通过生成试件模型墙体将颗粒包围,然后通过移动墙体模拟施加应力和加载过程,给定模型上、下、左、右、前、后墙体的速度来模拟应变控制加载方式,墙体的运动由伺服控制程序自动控制。

7.1.3　应力-渗流耦合作用机理

PFC³ᴰ渗流模拟模型如图 7-1 所示,其流体的流动算法是将颗粒与颗粒间空隙或裂纹当作渗流管道来进行流体的流动模拟[101]。颗粒与颗粒之间由于存在封闭的平行黏结,会形成许多能储存气体压力的流体域。计算瓦斯流速时,可以假设每一条渗流管道为具有一定开度的平行板通道,瓦斯在平行板通道内流动。

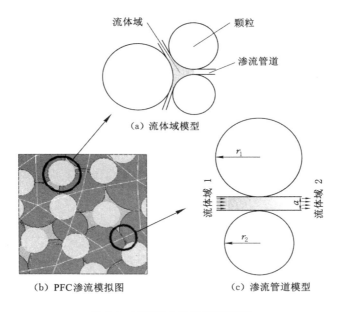

（a）流体域模型

（b）PFC渗流模拟图　　　　　　（c）渗流管道模型

图 7-1　PFC³ᴰ渗流模拟模型[84]

7.2　煤体细观力学参数的确定

PFC³ᴰ参数的设置不能直接通过宏观试验得到,而是需要不断地调试与修正得到细观参数来表征煤体宏观力学特性,因此选取细观参数对于颗粒流模拟显得至关重要。为了使模拟结果更加准确可靠,选择本书第 5 章中煤体的宏观力学参数作为初始参数来反演所需的细观参数,见表 7-1。

表 7-1　煤体宏观力学特征

容重/(kN/m³)	弹性模量/(×10⁴ MPa)	内摩擦角/(°)	抗拉强度/MPa	内聚力/MPa	泊松比
13.57	6.89	42.6	1.34	2.43	0.28

采用 PFC³ᴰ软件完成 90 组抗压强度、抗拉强度、泊松比及弹性模量模拟

试验,建立煤体细观参数与宏观参数之间的关系。通过试错法不断调节有关参数,并对参数敏感性进行分析,发现了简便的方法:首先,在宏观力学参数的基础上对摩擦因数进行调试,以使颗粒流数值模拟结果的抗压强度值与指定初始参数相接近;其次,调试接触刚度,以使颗粒流数值模拟结果的泊松比与指定初始参数相接近,这时颗粒流数值模拟曲线与试验所得宏观曲线已较为接近;最后,再通过调整法向切向刚度曲线进行微调,使得颗粒流数值模拟曲线与指定初始参数更为接近。通过以上步骤得到的煤体细观参数及流体计算参数见表 7-2 和表 7-3。

表 7-2　煤体细观物理力学参数

参数	量值
接触刚度比	2.14
接触模量/GPa	5.1
摩擦因数	0.4
平行黏结模量/GPa	5.1
平行黏结法向强度/MPa	4.6
平行黏结切向强度/MPa	4.6
平行黏结刚度比	2.14

表 7-3　流体计算参数

流体黏度 μ /(Pa·s)	流体体积模量 K_f/GPa	残余孔径 α_0/m	初始法向应力 F_0/kN	时间步长 Δt/s
0.015	0.009 6	1×10^{-3}	5×10^3	0.1

7.3　真三轴应力条件下煤体损伤变形及渗流模拟

7.3.1　试验方案

在室温下,首先逐步施加 σ_1、σ_2、σ_3 至初始预定应力,然后保持三向应力不变,充入气体浓度为 99.9% 的瓦斯气体,待瓦斯吸附平衡后,继续施加轴向应力至试件破坏。加载参数见表 7-4。

表 7-4　加载参数

序号	初始 σ_1/MPa	初始 σ_2/MPa	初始 σ_3/MPa	瓦斯压力 p/MPa
1				0.5
2	4	4	4	1.0
3				1.5
4				0.5
5	6	6	4	1.0
6				1.5
7				0.5
8	8	8	4	1.0
9				1.5

7.3.2　颗粒流模型建立

真三轴应力条件下煤体试件几何模型通过 PFC[3D] 软件进行建立,颗粒流模型尺寸与实验室内模型尺寸保持一致,选用 100 mm×100 mm×200 mm 的长方体型煤试件。计算模型中,最小颗粒半径为 0.5 mm,粒径比选为 1.66,共生成 160 958 个颗粒样本。PFC[3D] 软件建立模型时,可选择有限平面或无限平面,每一个平面包含两个侧面,其中一侧为有效面,当颗粒处于壁面的有效面时,壁面具有模型边界的作用;另外一侧为非有效面,当颗粒处于壁面的非有效面时,壁面不会对颗粒产生任何作用。因此,为了使得模拟结果与真实情况更为符合,将试件的上、下、左、右、前、后6个面都设置成有限平面的有效面,且设置成不透气边界。试件颗粒流几何模型见图 7-2。

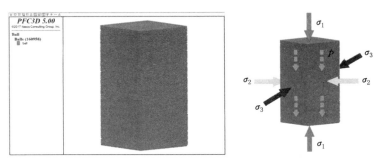

图 7-2　颗粒流几何模型

7.3.3 加载方式

进行颗粒流数值模拟时,首先在颗粒流模型外侧生成墙体,然后通过移动墙体施加三向应力 $\sigma_1 = \sigma_2 = \sigma_3$ 至初始预定压力,给定模型上、下、左、右、前、后 6 个墙体移动速度来模拟应变控制加载方式,由伺服控制程序控制墙体的运动;待颗粒流模型达到稳定状态后,在颗粒流模型的顶端设置一个 1 MPa 的高压区域,在颗粒流模型的底端设置 0.1 MPa 大气压,瓦斯在压差的作用下从颗粒流模型顶端向底端渗流,当轴向气压值近似呈线性分布时,说明瓦斯渗流达到稳定,即应力-渗流耦合达到平衡状态;最后连续施加轴向应力 σ_1 直至试件发生失稳破坏。渗流过程如图 7-3 所示。

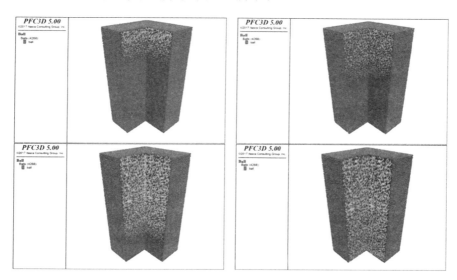

图 7-3 渗流过程示意图

7.4 模拟结果分析

7.4.1 变形破坏特征

真三轴应力作用下煤体损伤变形及渗流颗粒流模拟结果应力-应变以及渗透率-应变关系曲线如图 7-4 所示,由图可知,煤体应力-应变曲线与渗透率-应变曲线具有明显的对应关系,随着轴向应力的增大,应变增大,渗透率呈现减小趋势;在试件发生失稳破坏后,应力呈现快速跌落状态,应变快速增大,渗透率呈现

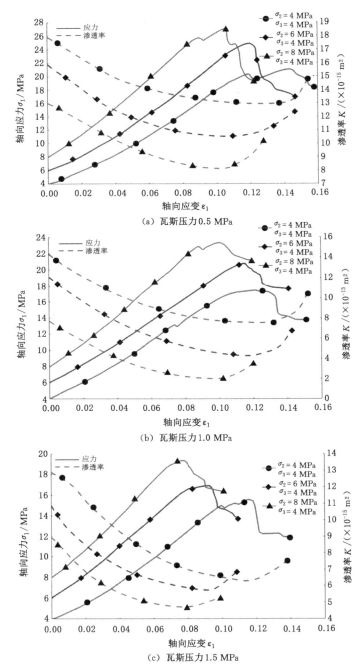

图 7-4　真三轴模拟试验应力-应变与渗透率-应变关系曲线

急剧上升的状态。相同瓦斯压力条件下,中间主应力越大,煤体抗压强度越大,渗透率越小,达到峰值强度时的变形量越小;相同中间主应力条件下,瓦斯压力越大,煤体抗压强度越小,瓦斯渗透率越小,达到峰值强度时的变形量越小。与第 6 章试验结果对比分析可以看出,颗粒流数值模拟结果与试验结果基本相同,应力、应变、渗透率关系曲线也基本一致,验证了中间主应力和瓦斯压力对煤体损伤变形及渗透率的影响规律。

然而,在煤体试件发生破坏失稳后,物理试验渗透率曲线表现为缓慢上升趋势,而颗粒流模拟试验渗透率表现为急剧上升趋势。分析认为,物理试验所采用的煤体试件是由煤粉颗粒压制而成,其内聚力较低,在应力加载后期煤体发生失稳破坏后,内部产生宏观孔裂隙,但是由于煤粉颗粒相互挤压、错动,与试件发生脱离,使新产生的裂纹被煤粉颗粒堵塞,使得渗透率只出现了小幅度上升。而颗粒流数值模拟是在理想状态下进行的,没有考虑煤粉颗粒堵塞这一因素,因此表现为急剧上升趋势。

7.4.2　裂隙演化特征

当煤体试件达到峰值强度时,试件发生失稳破坏,此时煤体试件主要裂纹基本上已经发育完全,截取 PFC³ᴰ颗粒流模拟裂纹图(以其中一组颗粒流模拟试验为例),颗粒流模拟破坏形态如图 7-5(a)所示,由图可知:在应力加载过程中,煤体逐渐产生微裂隙,随着轴压的不断增大,裂纹向两端不断延伸和扩展,裂纹出现贯通,煤体试件发生剪切破坏,形成了宏观的剪切裂纹,剪切裂纹由左上角延伸至右下角,与水平面夹角大约呈 62°,同时还伴有细小裂纹的产生。对比图 7-5(b)物理试验加载后煤体破坏失稳照片发现,颗粒流模拟结果与物理试验结果相似,如均发生了明显的剪切破坏,均与水平面产生约 63°夹角,且均以倾斜裂纹为主。但物理试验中的试件在应力和瓦斯压力作用以及人为拆卸等因素影响下发生了严重破坏,粉化较为严重,已难以辨别贯通裂隙的种类。

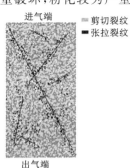

(a) 颗粒流模拟破坏形态　　　　　　(b) 物理试验破坏形态

图 7-5　煤样破坏形态图

7.5　本章小结

本章利用 PFC[3D] 颗粒流模拟软件,实现了真三轴应力条件下煤体损伤变形及瓦斯渗流演化过程模拟,对煤体损伤变形破坏特征、瓦斯渗流规律及裂隙演化特征进行了分析,并与物理试验结果进行了对比分析,得到以下主要结论:

(1) 颗粒流模拟结果与物理试验结果所得应力、应变、渗透率特征基本相同,其应力-应变曲线与渗透率-应变曲线均具有明显的对应关系;随着轴向应力的增大,应变增大,渗透率呈现减小趋势;在试件发生失稳破坏后,应力呈现快速跌落状态,应变快速增大,渗透率呈现上升的趋势。

(2) 相同瓦斯压力条件下,中间主应力越大,煤体抗压强度越大,渗透率越小,达到峰值强度时的变形量越小;相同中间主应力条件下,瓦斯压力越大,煤体抗压强度越小,瓦斯渗透率越小,达到峰值强度时的变形量越小。颗粒流数值模拟结果与试验结果基本相同,验证了中间主应力和瓦斯压力对煤体损伤变形及渗透率的影响规律。

(3) 在煤体试件发生破坏失稳后,颗粒流模拟试验相较于物理试验其渗透率上升更为急剧,这是由于物理试验所采用的煤体试件是由煤粉颗粒压制而成的,其内聚力较低,在应力加载后期煤体发生失稳破坏后,内部产生宏观孔裂隙,但是由于煤粉颗粒相互挤压、错动,与试件发生脱离,使新产生的裂纹被煤粉颗粒堵塞,渗透率只出现了小幅度上升。而颗粒流数值模拟是在理想状态下进行的,没有考虑煤粉颗粒堵塞这一因素,因此表现为急剧上升趋势。

参 考 文 献

[1] 袁亮,林柏泉,杨威.我国煤矿水力化技术瓦斯治理研究进展及发展方向[J].煤炭科学技术,2015,43(1):45-49.

[2] 李晓红,王晓川,康勇,等.煤层水力割缝系统过渡过程能量特性与耗散[J].煤炭学报,2014,39(8):1404-1408.

[3] HUANG B X,WANG Y Z,CAO S G.Cavability control by hydraulic fracturing for top coal caving in hard thick coal seams[J].International journal of rock mechanics and mining sciences,2015,74:45-57.

[4] CHENG W M,NI G H,LI Q G,et al.Pore connectivity of different ranks of coals and their variations under the coupled effects of water and heat[J].Arabian journal for science and engineering,2017,42(9):3839-3847.

[5] 林柏泉,孟杰,宁俊,等.含瓦斯煤体水力压裂动态变化特征研究[J].采矿与安全工程学报,2012,29(1):106-110.

[6] JU Y,WANG Y L,CHEN J L,et al.Adaptive finite element-discrete element method for numerical analysis of the multistage hydrofracturing of horizontal wells in tight reservoirs considering pre-existing fractures,hydromechanical coupling,and leak-off effects[J].Journal of natural gas science and engineering,2018,54:266-282.

[7] 程远方,吴百烈,袁征,等.煤层气井水力压裂"T"型缝延伸模型的建立及应用[J].煤炭学报,2013,38(8):1430-1434.

[8] 王永辉,卢拥军,李永平,等.非常规储层压裂改造技术进展及应用[J].石油学报,2012,33(增刊1):149-158.

[9] 王耀锋,何学秋,王恩元,等.水力化煤层增透技术研究进展及发展趋势[J].煤炭学报,2014,39(10):1945-1955.

[10] SHAH M,SHAH S,SIRCAR A.A comprehensive overview on recent developments in refracturing technique for shale gas reservoirs[J].Journal of natural gas science and engineering,2017,46:350-364.

[11] 李世愚,和泰名,尹祥础.岩石断裂力学导论[M].合肥:中国科学技术大学

出版社,2010.

[12] LI C L,PRIKRYL R,NORDLUND E.The stress-strain behaviour of rock material related to fracture under compression[J].Engineering geology, 1998,49(3/4):293-302.

[13] SHEITY D K,ROSENFIELD A R,DUCKWORTH W H.Fracture toughness of ceramics measured by a Chevron-Notch Diametral-Compression test[J]. Journal of the American Ceramic Society,1985,68(12):325-327.

[14] CHANG S H,LEE C I,JEON S.Measurement of rock fracture toughness under modes Ⅰ and Ⅱ and mixed-mode conditions by using disc-type specimens[J].Engineering geology,2002,66(1/2):79-97.

[15] RAHMAN M K,HOSSAIN M,RAHMAN S S.An analytical method for mixed-mode propagation of pressurized fractures in remotely compressed rocks[J].International journal of fracture,2000,103(3):243-258.

[16] LAJTAI E Z.Brittle fracture in compression[J].International journal of fracture,1974,10(4):525-536.

[17] WAWERSIK W R,FAIRHURST C.A study of brittle rock fracture in laboratory compression experiments[J].International journal of rock mechanics and mining sciences & geomechanics abstracts,1970,7(5): 561-575.

[18] ZHAO X G,CAI M,WANG J,et al.Damage stress and acoustic emission characteristics of the Beishan granite[J].International journal of rock mechanics and mining sciences,2013,64:258-269.

[19] RECHES Z,LOCKNER D A.Nucleation and growth of faults in brittle rocks[J].Journal of geophysical research:solid earth,1994,99(B9): 18159-18173.

[20] SCHULZE O,POPP T,KERN H.Development of damage and permeability in deforming rock salt[J].Engineering geology,2001,61(2/3):163-180.

[21] WANG S Y,SLOAN S W,FITYUS S G,et al.Numerical modeling of pore pressure influence on fracture evolution in brittle heterogeneous rocks[J].Rock mechanics and rock engineering,2013,46(5):1165-1182.

[22] HIRONO T,TAKAHASHI M,NAKASHIMA S.In situ visualization of fluid flow image within deformed rock by X-ray CT[J].Engineering geology,2003, 70(1/2):37-46.

[23] 乔伟,李文平.地应力对岩溶裂隙含水介质渗透特性的影响[J].中国矿业大

学学报,2011,40(1):73-79.

[24] GANGI A F.Variation of whole and fractured porous rock permeability with confining pressure[J]. International journal of rock mechanics and mining sciences & geomechanics abstracts,1978,15(5):249-257.

[25] XIAO Y X,LEE C F,WANG S J.Assessment of an equivalent porous medium for coupled stress and fluid flow in fractured rock[J]. International journal of rock mechanics and mining sciences, 1999, 36 (7): 871-881.

[26] YUAN S C,HARRISON J P.Development of a hydro-mechanical local degradation approach and its application to modelling fluid flow during progressive fracturing of heterogeneous rocks[J].International journal of rock mechanics and mining sciences,2005,42(7/8):961-984.

[27] HEILAND J,RAAB S.Experimental investigation of the influence of differential stress on permeability of a Lower Permian (Rotliegend) sandstone deformed in the brittle deformation field[J].Physics and chemistry of the earth,part a:solid earth and geodesy,2001,26(1/2):33-38.

[28] SOMERTON W H, SÖYLEMEZOĞLU I M, DUDLEY R C.Effect of stress on permeability of coal[J].International journal of rock mechanics and mining sciences & geomechanics abstracts,1975,12(5/6):129-145.

[29] DURUCAN S,EDWARDS J S.The effects of stress and fracturing on permeability of coal[J].Mining science and technology,1986,3(3):205-216.

[30] 何伟钢,唐书恒,谢晓东.地应力对煤层渗透性的影响[J].辽宁工程技术大学学报(自然科学版),2000,19(4):353-355.

[31] 尹光志,李晓泉,赵洪宝,等.地应力对突出煤瓦斯渗流影响试验研究[J].岩石力学与工程学报,2008,27(12):2557-2561.

[32] 周东平,沈大富,余模华,等.地应力对瓦斯渗流特性影响的试验研究[J].矿业安全与环保,2012,39(增刊1):6-8.

[33] 姜德义,张广洋,胡耀华,等.有效应力对煤层气渗透率影响的研究[J].重庆大学学报(自然科学版),1997,20(5):22-25.

[34] 谭学术,鲜学福,张广洋,等.煤的渗透性研究[J].西安矿业学院学报,1994(1):22-25.

[35] 孟召平,侯泉林.高煤级煤储层渗透性与应力耦合模型及控制机理[J].地球物理学报,2013,56(2):667-675.

[36] HARPALANI S,SCHRAUFNAGEL R A.Shrinkage of coal matrix with

release of gas and its impact on permeability of coal[J].Fuel,1990,69(5):551-556.

[37] 曹树刚,郭平,李勇,等.瓦斯压力对原煤渗透特性的影响[J].煤炭学报,2010,35(4):595-599.

[38] 王刚,程卫民,郭恒,等.瓦斯压力变化过程中煤体渗透率特性的研究[J].采矿与安全工程学报,2012,29(5):735-739.

[39] 祝捷,姜耀东,孟磊,等.载荷作用下煤体变形与渗透性的相关性研究[J].煤炭学报,2012,37(6):984-988.

[40] 张朝鹏,高明忠,张泽天,等.不同瓦斯压力原煤全应力应变过程中渗透特性研究[J].煤炭学报,2015,40(4):836-842.

[41] 李佳伟,刘建锋,张泽天,等.瓦斯压力下煤岩力学和渗透特性探讨[J].中国矿业大学学报,2013,42(6):954-960.

[42] 秦虎,黄滚,蒋长宝,等.不同瓦斯压力下煤岩声发射特征试验研究[J].岩石力学与工程学报,2013,32(增刊2):3719-3725.

[43] 陈德飞,康毅力,孟祥娟,等.变应力条件下气体吸附对煤岩渗流特性的影响[J].油气地质与采收率,2016,23(1):107-112.

[44] 王臣,鲜学福,周军平,等.含不同气体煤岩全应力-应变渗透特性试验研究[J].地下空间与工程学报,2013,9(3):492-496.

[45] 李祥春,聂百胜,何学秋,等.瓦斯吸附对煤体的影响分析[J].煤炭学报,2011,36(12):2035-2038.

[46] 隆清明,赵旭生,孙东玲,等.吸附作用对煤的渗透率影响规律实验研究[J].煤炭学报,2008,33(9):1030-1034.

[47] 周军平,鲜学福,李晓红,等.吸附不同气体对煤岩渗透特性的影响[J].岩石力学与工程学报,2010,29(11):2256-2262.

[48] 姜德义,袁曦,陈结,等.吸附气体对突出煤渗流特性的影响[J].煤炭学报,2015,40(9):2091-2096.

[49] HU S B,WANG E Y,LI X C,et al.Effects of gas adsorption on mechanical properties and erosion mechanism of coal[J].Journal of natural gas science and engineering,2016,30:531-538.

[50] WANG K,DU F,WANG G D.Investigation of gas pressure and temperature effects on the permeability and steady-state time of Chinese anthracite coal:an experimental study[J].Journal of natural gas science and engineering,2017,40:179-188.

[51] BIRCH F.The velocity of compressional waves in rocks to 10 kilobars:1.

[J].Journal of geophysical research,1960,65(4):1083-1102.

[52] PYRAK-NOLTE L J,MYER L R,COOK N G W. Transmission of seismic waves across single natural fractures[J].Journal of geophysical research:solid earth,1990,95(B6):8617-8638.

[53] CADORET T,MARION D,ZINSZNER B.Influence of frequency and fluid distribution on elastic wave velocities in partially saturated limestones[J].Journal of geophysical research:solid earth,1995,100(B6):9789-9803.

[54] JU Y,WANG J B,GAO F,et al.Lattice-Boltzmann simulation of microscale CH_4 flow in porous rock subject to force-induced deformation [J].Chinese science bulletin,2014,59(26):3292-3303.

[55] LI S D,ZHOU Z M,LI X,et al.One CT imaging method of fracture intervention in rock hydraulic fracturing test[J].Journal of petroleum science and engineering,2017,156:582-588.

[56] WANG G,JIANG C H,SHEN J N,et al.Deformation and water transport behaviors study of heterogenous coal using CT-based 3D simulation[J]. International journal of coal geology,2019,211:103204.

[57] TER-POGOSSIAN M M.Image reconstruction from projections,the fundamentals of computerized tomography by G. T. Herman[J]. Medical physics,1984,11(1):90.

[58] HSIEH J.计算机断层成像技术:原理、设计、伪像和进展[M].张朝宗,等译.北京:科学出版社,2006.

[59] 宋晓夏,唐跃刚,李伟,等.中梁山南矿构造煤吸附孔分形特征[J].煤炭学报,2013,38(1):134-139.

[60] 王云刚,李满贵,陈兵兵,等.干燥及饱和含水煤样超声波特征的实验研究[J].煤炭学报,2015,40(10):2445-2450.

[61] 邵明申,李黎,李最雄.龙游石窟砂岩在不同含水状态下的弹性波速与力学性能[J].岩石力学与工程学报,2010,29(增刊2):3514-3518.

[62] SI W P,DI B R,WEI J X,et al.Experimental study of water saturation effect on acoustic velocity of sandstones[J].Journal of natural gas science and engineering,2016,33:37-43.

[63] LEBEDEV M,TOMS-STEWART J,CLENNELL B,et al.Direct laboratory observation of patchy saturation and its effects on ultrasonic velocities[J].The leading edge,2009,28(1):24-27.

［64］MAVKO G,MUKERJI T,DVORKIN J.The rock physics handbook:tools for seismic analysis in porous media［M］.2nd ed.Cambridge:Cambridge University Press,2009.

［65］YAO Y B,LIU D M,TANG D Z,et al.Fractal characterization of seepage-pores of coals from China:an investigation on permeability of coals［J］. Computers & geosciences,2009,35(6):1159-1166.

［66］KAHRAMAN S.The effects of fracture roughness on P-wave velocity［J］. Engineering geology,2002,63(3/4):347-350.

［67］KAHRAMAN S,YEKEN T.Determination of physical properties of car-bonate rocks from P-wave velocity［J］.Bulletin of engineering geology and the environment,2008,67(2):277-281.

［68］KASSAB M A,WELLER A.Porosity estimation from compressional wave velocity:a study based on Egyptian sandstone formations［J］. Journal of petroleum science and engineering,2011,78(2):310-315.

［69］UYANIK O.The porosity of saturated shallow sediments from seismic compressional and shear wave velocities ［J］. Journal of applied geophysics,2011,73(1):16-24.

［70］SUN L,WANG X Q,JIN X,et al.Three dimensional characterization and quantitative connectivity analysis of micro/nano pore space［J］.Petroleum exploration and development,2016,43(3):537-546.

［71］WYLLIE M R J,GREGORY A R,GARDNER L W.Elastic wave velocities in heterogeneous and porous media［J］.Geophysics,1956,21(1):41-70.

［72］ROKO R O,DAEMEN J J K,MYERS D E.Variogram characterization of joint surface morphology and asperity deformation during shearing［J］. International journal of rock mechanics and mining sciences,1997,34(1):71-84.

［73］熊俊楠,马洪滨.变异函数的自动拟合研究［J］.测绘信息与工程,2008,33(1):27-29.

［74］VERMANG J,NORTON L D,BAETENS J M,et al.Quantification of soil surface roughness evolution under simulated rainfall［J］.Transactions of the ASABE,2013,56(2):505-514.

［75］MARACHE A,RISS J,GENTIER S,et al.Characterization and recon-struction of a rock fracture surface by geostatistics［J］.International journal for numerical and analytical methods in geomechanics,2002,26(9):873-896.

[76] FEDER J.Fractals[M].New York:Springer US,1988.

[77] TALWANI P,ACREE S.Pore pressure diffusion and the mechanism of reservoir-induced seismicity[J].Pure and applied geophysics,1984,122(6):947-965.

[78] LIU Y X,XU J,PENG S J.An experimental investigation of the risk of triggering geological disasters by injection under shear stress [J].Scientific reports,2016,6:38810.

[79] 许江,刘义鑫,刘婧,等.双面剪切荷载作用下岩石断裂过程声发射特性研究[J].岩石力学与工程学报,2015,34(增刊1):2659-2664.

[80] 尹光志,李铭辉,许江,等.多功能真三轴流固耦合试验系统的研制与应用[J].岩石力学与工程学报,2015,34(12):2436-2445.

[81] 王婷婷.基于声发射行为页岩压裂裂缝破裂方式演化研究[D].大庆:东北石油大学,2017.

[82] PREISIG G,EBERHARDT E,GISCHIG V,et al.Development of connected permeability in massive crystalline rocks through hydraulic fracture propagation and shearing accompanying fluid injection [J].Geofluids,2015,15(1/2):321-337.

[83] WANG G,WANG P F,GUO Y Y,et al.A novel true triaxial apparatus for testing shear seepage in gas-solid coupling coal[J].Geofluids,2018,2018:2608435.

[84] 王刚,刘志远,王鹏飞,等.考虑瓦斯吸附作用的真三轴煤体剪切渗流特性试验研究[J].采矿与安全工程学报,2019,36(5):1061-1070.

[85] 尹光志,何兵,王浩,等.深部采动影响下覆岩蠕变损伤破坏规律[J].煤炭学报,2015,40(6):1390-1395.

[86] 尹光志,鲁俊,李星,等.中间主应力对砂岩扩容及强度特性影响[J].煤炭学报,2017,42(4):879-885.

[87] 王蒙,朱哲明,冯若琪.真三轴加卸载条件下巷道周边裂隙岩体变形破坏试验研究[J].煤炭学报,2015,40(2):278-285.

[88] 尹光志,李广治,赵洪宝,等.煤岩全应力-应变过程中瓦斯流动特性试验研究[J].岩石力学与工程学报,2010,29(1):170-175.

[89] 姜耀东,祝捷,赵毅鑫,等.基于混合物理论的含瓦斯煤本构方程[J].煤炭学报,2007,32(11):1132-1137.

［90］SCHERER G W.Dilatation of porous glass［J］.Journal of the American Ceramic Society,1986,69(6):473-480.

［91］PAN Z J,CONNELL L D.A theoretical model for gas adsorption-induced coal swelling［J］.International journal of coal geology,2007,69（4）:243-252.

［92］MYERS A L.Thermodynamics of adsorption in porous materials［J］.AIChE journal,2002,48(1):145-160.

［93］祝捷,姜耀东,赵毅鑫.考虑吸附作用的含气煤本构关系［J］.岩石力学与工程学报,2009,28(增刊2):3296-3301.

［94］CUI X J,BUSTIN R M.Volumetric strain associated with methane desorption and its impact on coalbed gas production from deep coal seams ［J］.AAPG bulletin,2005,89(9):1181-1202.

［95］CHIKATAMARLA L,CUI X J,BUSTIN R M.Implications of volumetric swelling/shrinkage of coal in sequestration of acid gases ［C］// Proceedings of the International Coalbed Methane Symposium. Tuscaloosa,Alabama,USA:［s.n.］,2004.

［96］PALCIAUSKAS V V,DOMENICO P A.Characterization of drained and undrained response of thermally loaded repository rocks ［J］.Water resources research,1982,18(2):281-290.

［97］李铭辉.真三轴应力条件下储层岩石的多物理场耦合响应特性研究［D］.重庆:重庆大学,2016.

［98］李祥春,张良,李忠备,等.不同瓦斯压力下煤岩三轴加载时蠕变规律及模型［J］.煤炭学报,2018,43(2):473-482.

［99］吴世跃,赵文.含吸附煤层气煤的有效应力分析［J］.岩石力学与工程学报,2005,24(10):1674-1678.

［100］荣腾龙,周宏伟,王路军,等.三向应力条件下煤体渗透率演化模型研究［J］.煤炭学报,2018,43(7):1930-1937.

［101］蔡成功.煤与瓦斯突出三维模拟实验研究［J］.煤炭学报,2004,29(1):66-69.